FORSCHUNGS-INSTITUT FÜR
GESCHICHTE DER NATURWISSENSCHAFTEN
IN BERLIN

ZWEITER JAHRESBERICHT

MIT EINER WISSENSCHAFTLICHEN BEILAGE

AUFGABEN DER CHEMIEGESCHICHTE
NACH EINEM VON DEM DIREKTOR DES FORSCHUNGS-INSTITUTS
AM 26. NOVEMBER 1928 ZU LEVERKUSEN GEHALTENEN VORTRAGE

1929

Springer-Verlag Berlin Heidelberg GmbH

ISBN 978-3-662-33369-3   ISBN 978-3-662-33765-3 (eBook)
DOI 10.1007/978-3-662-33765-3

I. Allgemeines.

Das Forschungs-Institut befindet sich, wie bereits im ersten Jahresbericht mitgeteilt wurde, im Querbau des ehemaligen Residenzschlosses zu Berlin. Alle Zusendungen und schriftlichen Anfragen sind an die Adresse *Forschungs-Institut für Geschichte der Naturwissenschaften, Berlin C 2, Schloß, Portal 19,* zu richten. Für Ferngespräche ist das Amt *E 1 Berolina 0013* zuständig.

Der vorliegende Bericht umfaßt den Zeitraum von Juni 1928 bis Mai 1929. Die weiteren Berichte sollen künftig auf Schluß des Geschäftsjahres (1. April) herausgegeben werden. Bibliotheken, Behörden, Gönner und Freunde des Instituts und Gelehrte, die auf dem Gebiet der Wissenschaftsgeschichte tätig sind, erhalten die Berichte kostenfrei. In anderen Fällen muß der Selbstkostenpreis einschließlich Porto in Rechnung gestellt werden.

II. Änderung im Personenstand.

Der bisherige Assistent, Herr Dr. M. Pleßner, beschloß Ende März 1929 seine Tätigkeit am Institut, um zu wissenschaftlichen Studien nach Konstantinopel überzusiedeln. An seine Stelle tritt Herr Dr. P. Kraus, der schon im Lauf des Geschäftsjahres mit wissenschaftlichen Arbeiten für das Forschungs-Institut betraut worden war.

Da es im ersten Betriebsjahr nicht möglich war, für eine technisch ausgebildete Schreibhilfe die Mittel aufzubringen, mußte die Ordnung der Bücherbestände, Handschriften und Studiensammlungen auf eine spätere Zeit zurückgestellt werden. Als sich auch für die Durchführung der wissenschaftlichen Arbeiten die Einstellung einer hinreichend vorgebildeten Sekretärin immer dringender geltend machte, wurde Frl. H. Krüger zunächst probeweise auf drei Monate beschäftigt und dann vom 1. Dezember 1928 an endgültig am Institut angestellt.

III. Betriebsmittel.

Die Mittel, die vom Preußischen Minister für Wissenschaft, Kunst und Volksbildung dem jungen Institut zur Bestreitung der Personalausgaben, zur ersten Einrichtung und zur Anschaffung von Büchern, Handschriften usw. zur

Verfügung gestellt werden konnten, reichten trotz größter Sparsamkeit nicht aus, um alle Grundlagen für die geplanten Arbeiten zu schaffen und das Institut in jeder Richtung in Gang zu bringen. Die Frage, ob nicht durch private Stiftungen weitere Betriebsmittel für die Zwecke des Instituts beschafft werden könnten, war daher zu Beginn des zweiten Berichtsjahres besonders dringend geworden, und es mußte versucht werden, auf dem Wege, den auch andere wissenschaftliche Institute zu gehen genötigt waren, weitere Zuschüsse zu erhalten.

Wenn auch nicht zu erwarten war, daß ein der Geschichte der Naturwissenschaften gewidmetes Institut in den Kreisen, die das Deutsche Museum in München in so glänzender Weise unterstützt haben, die gleiche wohlwollende Förderung finden würde, so schien es doch nicht aussichtslos, für ein in der Reichshauptstadt begründetes Institut tatkräftige Gönner und Freunde zu finden. Daher wurde im Juli und September 1928 der Erste Jahresbericht mit einem Begleitschreiben, das auf die verschiedenen Möglichkeiten hinwies, dem Institut zu nützen, an etwa tausend Großfirmen und Einzelpersonen versandt. Leider ist der Erfolg dieses Werbeversuchs auch hinter den bescheidensten Erwartungen zurückgeblieben. Von den meisten Firmen ging überhaupt keine Antwort ein. In dreizehn Fällen wurde die Annahme des Briefs und Berichts verweigert, in zwölf Fällen kam ein ablehnender Bescheid. Sechs Firmen stifteten im ganzen 1550 RM., die sich auf einen Zeitraum von fünf Jahren verteilen. Nach Abzug der Unkosten für die versandten Berichte und Briefe kann der Ertrag der Werbung auf etwa 800 RM. eingeschätzt werden.

Auch die Bitte, die Bibliothek mit Überweisung von Büchern zu unterstützen, hat fast nirgends Beachtung gefunden. Nur durch die von der Direktion der I. G. Farbenindustrie laufend und vom Vorstand der Gesellschaft Deutscher Naturforscher und Ärzte für drei Jahre gewährten Unterstützungen war es möglich, für die beiden vergangenen Geschäftsjahre den dringendsten Bedarf an Büchern zu beschaffen. Vielleicht tragen diese Darlegungen dazu bei, in Verbindung mit dem weiteren Inhalt des Berichts dem Institut wenigstens aus Berliner Kreisen hilfsbereite Freunde zuzuführen.

IV. Bibliothek.

Ich wiederhole die Worte, die dem der Bibliothek gewidmeten Abschnitte im ersten Jahresbericht vorausgeschickt waren: „Der Schwerpunkt eines Forschungs-Instituts liegt in seiner Bibliothek. Ihrem Aufbau und Ausbau muß die größte Aufmerksamkeit und Sorge zugewendet werden. Hier vor allem bedarf das Institut jeder Art Unterstützung, sei es durch Schenkung von Büchern, sei es durch Stiftung größerer Summen, die zur Beschaffung von Büchern, Handschriften und Handschriftenphotographien Verwendung finden sollen."

Die Bücherbestände sind im Laufe des Winters nach dem im Ersten Jahresbericht mitgeteilten Plane geordnet worden. Von den aufgestellten 1200 Bänden ist etwa die Hälfte Eigentum des Instituts, die übrigen sind vom Direktor für die laufenden Arbeiten zur Verfügung gestellt.

Eine Sammlung von Dissertationen und Sonderdrucken aus dem Gebiet der Geschichte der Mathematik, der Naturwissenschaften und der Medizin ist dem Institut vom Direktor als Eigentum überwiesen worden. Es wäre besonders erwünscht, wenn die Verfasser historischer Arbeiten dazu beitragen würden, diese Sammlung durch geschenkweise Überlassung älterer und neuerer Arbeiten zu ergänzen.

Um Handschriften in größerem Umfang zu erwerben, fehlen dem Institut vorerst alle Mittel. Immerhin verdanken wir der ausgezeichneten Sachkunde und nie ermüdenden Hilfsbereitschaft von Dr. h. c. Max Meyerhof in Kairo eine Anzahl arabischer Handschriften aus den verschiedensten Gebieten der Wissenschaft, die als wertvolles Studienmaterial dienen können.

Für die planmäßig zu fördernden Arbeiten auf dem Gebiet der orientalischen und spätmittelalterlichen Naturwissenschaft ist dem Forschungs-Institut eine größere Zahl von Photographien und Abschriften arabischer Werke über Alchemie und Mineralogie aus dem Besitze des Direktors zur Verfügung gestellt worden. Durch Erwerbung von Photographien aus dem Nachlaß von Prof. Dr. Carl Schoy konnte die Sammlung auf astronomische und mathematische Werke ausgedehnt werden.

Mehr und mehr hat sich das Bedürfnis geltend gemacht, auch die lateinischen Handschriften des späten Mittelalters in den Bereich der Forschungsarbeit einzubeziehen. Es muß der weiteren Entwicklung überlassen bleiben, die für die Quellenforschung unentbehrlichen Photographien zu beschaffen.

V. Sammlungen.

Von der Anlegung von Sammlungen, wie sie im Ersten Jahresbericht gefordert war, mußte Abstand genommen werden, weil weder Mittel noch Arbeitskräfte vorhanden waren. Es bleibt aber nach wie vor ein dringendes Bedürfnis, Anschauungsmittel jeder Art zur Hand zu haben, und es ist Aussicht vorhanden, daß zunächst für Drogenkunde und für Mineralogie kleine Sammlungen in den Besitz des Instituts gelangen werden.

VI. Vorträge und Veröffentlichungen.

Auf der 41. Hauptversammlung des Vereins Deutscher Chemiker, die vom 30. Mai bis 3. Juni 1928 zu Dresden abgehalten wurde, hielt der Unterzeichnete in der Fachgruppe für Geschichte der Chemie einen Vortrag *Der Salmiak in der Geschichte der Alchemie.* Er ist vollständig abgedruckt in der Zeitschr. f. angew. Chemie, Bd. 41, 1928, S. 1321—1324; einen Auszug enthalten die Forschungen und Fortschritte, Bd. 4, 1928, S. 232—233.

Der V. Deutsche Orientalistentag zu Bonn, vom 21.—25. August, bot die Möglichkeit, über den Stand der vom Forschungs-Institut in Angriff genommenen Bearbeitung von Ǧābirs Hauptwerk Rechenschaft abzulegen. Der Unterzeichnete hielt einen einleitenden Vortrag *Über die Geschichte und den gegenwärtigen Stand der Ǧābirforschung,* während Dr. M. Pleßner in seinem Vortrag *Die 70 Bücher des Ǧābir ibn Ḥajjān* näher auf die literarische Form und den Inhalt des Werkes einging. Der zuerst genannte Vortrag wird in englischer Übersetzung im Journal of Chemical Education veröffentlicht werden. Auszugsweise sind die beiden Vorträge im Versammlungsbericht der Zeitschrift der Deutschen Morgenländischen Gesellschaft Bd. 7 (82, S. LXXV und LXXVI) wiedergegeben.

Einer Einladung der Rheinischen Gesellschaft für Geschichte der Naturwissenschaft, Medizin und Technik folgend, hielt der Unterzeichnete am 26. November 1928 zu Leverkusen einen Vortrag *Aufgaben der Chemiegeschichte.* Er ist dem Jahresbericht als wissenschaftliche Beilage angeschlossen.

Während des zweiten Berichtsjahres sind vom Unterzeichneten die nachfolgend genannten Aufsätze veröffentlicht worden:

In der Minerva-Zeitschrift, Bd. 4, 1928, S. 257/58: *Ein Jahr Forschungs-Institut für Geschichte der Naturwissenschaften.*

In der Orientalistischen Literaturzeitung, Bd. 31, 1928, Heft 6, S. 453—456: *Das Giftbuch des Ǧābir ibn Ḥajjān,* und ebenda, Heft 8/9, S. 665: *Senior Zadith = Ibn Umail.*

In der Zeitschrift Der Islam, Bd. 17, 1928, S. 280—293: *Chemie in ʿIrāq und Persien im zehnten Jahrhundert n. Chr.,* und ebenda, S. 294: *Eilhard Wiedemann.*

Im Archiv für Geschichte der Mathematik, der Naturwissenschaften und der Technik, Bd. 11, 1928/29, S. 28—37: *Zwei Bücher de Compositione Alchemiae und ihre Vorreden,* und ebenda, S. 256—264: *Zahl und Null bei Ǧābir ibn Ḥajjān.*

In der Medizinischen Welt, Bd. 3, 1929, Heft 13/14, S. 473 und S. 517: *Altes und Neues vom Kaffee.*

In dem von Dr. G. Bugge 1929 herausgegebenen Sammelwerk *Das Buch der großen Chemiker* erschienen drei Essays *Zosimos, Dschābir* und *Pseudo-Geber* (S. 1—17, 18—31, 60—69).

Ein von E. Wiedemann hinterlassenes Manuskript über den Astronomen Naṣīr al-Dīn al-Ṭūsī wurde auf Wunsch der Physikalisch-Medizinischen Sozietät zu Erlangen für den Druck bearbeitet und in ihren Sitzungsberichten

1928/29, Bd. 60, S. 289—316 als Nr. 78 der *Beiträge zur Geschichte der Naturwissenschaften* herausgegeben.

Kleinere Aufsätze, Beiträge in Enzyklopädien und Rezensionen in verschiedenen Zeitschriften sollen nicht im einzelnen aufgeführt werden.

VII. Vorbereitete Arbeiten.

Die von Dr. M. Pleßner im Juli 1927 begonnene Übersetzung von Ġābirs *Buch der Siebzig* wurde zum Abschluß gebracht und in drei Reinschriften zu weiterer Bearbeitung bereitgestellt. Die Entdeckung einer dritten vollständigen Handschrift des Werks durch Prof. H. Ritter in Konstantinopel macht eine vollständige Neubearbeitung der Übersetzung notwendig und bringt auch für die Herstellung des arabischen Textes wesentlich vermehrte Arbeit. Infolge des Ausscheidens von Dr. Pleßner muß die Fortsetzung der Arbeit bis auf weiteres zurückgestellt werden.

Von Ġābirs *Buch der Gifte* war von dem Unterzeichneten schon im Jahre 1927/28 eine vorläufige Übersetzung hergestellt worden, die dem im ersten Jahresbericht erwähnten Vortrag als Grundlage diente. Mit der Ausarbeitung einer vollständigen Übersetzung wurde Dr. P. Kraus betraut. Es ist zu hoffen, daß die Arbeit an diesem überaus wichtigen Werke des großen Naturforschers im kommenden Winter im wesentlichen zu Ende geführt werden kann.

Neben der Fortführung der Arbeiten zur Geschichte des Salmiaks beschäftigten den Unterzeichneten hauptsächlich Studien zur *Turba Philosophorum*. In einem Vortrag auf der 42. Hauptversammlung des Vereins Deutscher Chemiker zu Breslau in der Pfingstwoche 1929, für dessen Verlesung dem I. Vorsitzenden der Fachgruppe, Prof. Dr. F. Henrich, auch an dieser Stelle herzlichster Dank ausgesprochen sei, konnten die ersten Ergebnisse einer methodischen Bearbeitung der berühmten Schrift mitgeteilt werden. Bis wann die Arbeit zum Abschluß kommen wird, läßt sich bei dem großen Umfang der Untersuchungen vorerst nicht angeben.

VIII. Internationale wissenschaftliche Aufgaben.

Die Union Académique Internationale, deren Sitz Brüssel ist, hat neben zahlreichen anderen wissenschaftlichen Unternehmungen auch die Herausgabe eines Katalogs der alchemistischen Handschriften in die Wege geleitet. Eine Reihe von Bänden, die die griechischen Handschriften von Frankreich, Italien, Spanien usw. beschreiben, und ein Band, der den lateinischen und englischen Handschriften von Großbritannien und Irland gewidmet ist, sind bereits erschienen. Dem Unterzeichneten wurde im Jahre 1927 die Ehre zuteil, in das Comité de Direction du Catalogue des Manuscrits Alchimiques aufgenommen zu werden, um die vorbereitenden Schritte für die Herausgabe eines Katalogs der arabischen alchemistischen Handschriften zu unternehmen. Auch wurde er mit der Aufgabe betraut, einen Bearbeiter für den Katalog der in Deutschland und Österreich vorhandenen griechischen alchemistischen Handschriften zu gewinnen. Die Aufnahme der griechischen Handschriften wird von Bibliotheksrat Dr. G. Goldschmidt in Königsberg durchgeführt werden. Für den Katalog der arabischen Handschriften konnten zunächst nur Richtlinien aufgestellt werden, die bei der Sitzung des Comités vom 13. bis 15. Mai 1929 zur Besprechung kamen.

Vom 20. bis 25. Mai 1929 fand in Paris der erste Kongreß des Comité International d'Histoire des Sciences statt, an dem der Unterzeichnete als gewähltes Mitglied teilnahm.

Die Begründung des Comités geht auf Maßnahmen zurück, die der Geschichte der Naturwissenschaften und ihrer Anwendungen auch im Rahmen der allgemeinen Historikerkongresse den ihr gebührenden Platz sichern sollen. Wenn heute selbst die Vertreter der Naturwissenschaften sich nur selten mit der Geschichte ihrer Spezialwissenschaft befassen und von dem, was zur Erforschung der Geschichte der Naturwissenschaften in den letzten Jahrzehnten geleistet wurde, keine Kenntnis zu haben pflegen, ist es kein Vorwurf gegen die Vertreter der politischen und Kulturgeschichte, wenn man feststellt, daß diese von den Organisationen und Leistungen der Wissenschaftshistoriker noch weniger wissen. Niemand kann sich aber der Einsicht verschließen, daß die Naturwissenschaften, die heute die Welt beherrschen, das gleiche Recht auf Erforschung ihrer Geschichte besitzen, wie jede andere Kulturleistung der Menschheit. So schien die Zeit gekommen, für den im August 1928 zu Oslo stattfindenden VI. Internationalen Historikerkongreß Vorbereitungen zu treffen, um der Geschichte der Naturwissenschaften die ihr gebührende Vertretung zu sichern. Der erste Schritt hierzu war die Berufung einer aus den Herausgebern der wissenschaftsgeschichtlichen Zeitschriften bestehenden Kommission, die sich die Aufgabe stellte „d'étudier les moyens et de faire des propositions dans la section qui devra être réservée à l'histoire des sciences, à fin que l'histoire de la science puisse se développer en raison de son importance et de son caractère spécial, dans les Congrès internationaux des sciences historiques et dans le Comité international des sciences historiques".

Prof. Aldo Mieli wurde beauftragt, auf dem Kongreß zu Oslo einen Bericht über die Entschlüsse der Kommission zu geben. Die Verhandlungen in Oslo führten zur Gründung des Centre International d'Histoire des Sciences, zur vorläufigen Aufstellung seiner Statuten und zur Konstitution des Comité International, das sich aus dreißig wirklichen und fünfzig korrespondierenden Mitgliedern zusammensetzen soll.

Zu den Verhandlungen in Paris waren allgemeine Diskussionen und wissenschaftliche Sondervorträge vorgesehen. Die Leitung des Kongresses lag in den Händen von Prof. Gino Loria, Genua. Ein Bericht über die gesamten Verhandlungen wird im *Archeion*, dem von A. Mieli herausgegebenen Organe officiel du Comité International et du Centre International d'Histoire des Sciences, erscheinen. Der Unterzeichnete hatte *Pläne und Vorschläge zur Herausgabe des Katalogs der arabischen alchemistischen Handschriften* zur Diskussion angemeldet. Das Thema berührte sich aufs engste mit dem, was Prof. G. Loria in seinem Vortrag *Ce que nous apprirent et ce que nous attendons des manuscrits arabes rélatifs aux mathématiques* über die arabische Mathematik ausgeführt hatte, und mit den Mitteilungen, die Prof. H. Sigerist, Leipzig, über die beabsichtigte Herausgabe der arabischen Mediziner machte. Es bedeutet einen wichtigen Fortschritt für die Belebung der Studien auf diesem unermeßlich weiten Gebiet, daß unter dem Vorsitz des Unterzeichneten eine Commission pour les études de la science arabe gebildet wurde, die bis zum nächsten Zusammentreten des Comité International Vorschläge für die Organisation der in erster Linie zu fördernden Unternehmungen ausarbeiten soll. Auch für die Commission pour la transcription des noms propres des langues n'usant pas l'alphabet latin wurde der Unterzeichnete zum Vorsitzenden bestimmt.

Eine besondere Weihe erhielt der Kongreß durch die Gedenkfeier für Paul Tannery, den großen Geschichtschreiber der Mathematik und ersten Verkünder des Gedankens einer internationalen Akademie für Geschichte der Wissenschaften. Madame Tannery, die ihre ganze Kraft daransetzt, ihrem Manne durch Herausgabe seiner Werke ein unvergängliches Denkmal zu setzen, beehrte die Feier mit ihrer Gegenwart. Prof. Loria entwarf ein Bild von den Leistungen des Gefeierten für die Geschichte der Wissenschaften, während weitere Redner über andere Seiten der Tätigkeit des allzu früh Dahingegangenen sprachen. Dem Unterzeichneten war vom Heidelberger Mathematischen Institut der Auftrag geworden, eine Adresse zu verlesen, die auch der freundschaftlichen Beziehungen Tannerys zu M. Cantor, dem deutschen Altmeister der Mathematikgeschichte, gedachte.

Berlin, im Mai 1929.

Der Direktor des Forschungs-Instituts
Prof. Dr. Julius Ruska.

Aufgaben der Chemiegeschichte.

Nach einem auf Einladung der Rheinischen Gesellschaft für Geschichte der Naturwissenschaften, der Medizin und der Technik am 26. November 1928 zu Leverkusen gehaltenen Vortrage.

Sie sind aus Ihren Arbeitsstätten in diesen Vortragssaal gekommen, um Ausführungen über Chemiegeschichte, genauer gesagt über Aufgaben der Chemiegeschichte anzuhören. Bis vor wenigen Minuten mit den aktuellsten Aufgaben der Farbstoffchemie, mit Messungen und Wägungen, Analysen und Synthesen beschäftigt, vor allem aber gewohnt, von dieser Stelle aus Berichte über die neuesten Fortschritte der Chemie zu erhalten, muß es Ihnen als Vermessenheit erscheinen, wenn ein der chemischen Praxis gänzlich Fernstehender Sie zu einem Gedankenflug verführen möchte, der Sie weit weg von der Gegenwart in längst vergangene Zeiten zurückversetzen soll, wo es eine Chemie in unserm Sinne überhaupt noch nicht gegeben hat. Denn ist es nicht Zeitvergeudung, sich mit den Ansichten von Leuten abzugeben, die vor fünfhundert oder tausend oder gar zweitausend Jahren gelebt haben, wenn die Fortschritte der Chemie heutzutage so schnell vonstatten gehen, daß theoretische Standpunkte, die vor zehn Jahren als unerschütterlich, technische Einrichtungen, die als unübertrefflich betrachtet wurden, heute schon veraltet und überwunden sind? Kann man Männern, die ihre ganze Arbeitskraft der Erweiterung unserer chemischen Erkenntnis, der Bewältigung chemisch-technischer Probleme, der Ausarbeitung leistungsfähigerer Arbeitsmethoden widmen, auch noch zumuten, sich mit der Chemie vor hundert oder tausend Jahren zu befassen?

Man wird zugeben müssen, daß das Studium der älteren Chemiegeschichte dem berufstätigen Chemiker keinen erheblichen Gewinn abwirft. Aber damit ist gewiß noch nicht gesagt, daß die Erforschung der Geschichte der Chemie, der Erfahrungen und Theorien vergangener Zeiten eine überflüssige Aufgabe oder ein zweckloses Beginnen sei. Wer in der Beschäftigung mit vergangenen Dingen grundsätzlich nur Zeitvergeudung sieht, wird ja auch die Beschäftigung mit der Geschichte einer Naturwissenschaft nicht günstiger beurteilen. Jeder andere aber, dem die Versenkung in das geschichtliche Werden und Wachsen der Menschheit zugleich Bereicherung und Befreiung der eigenen Persönlichkeit bedeutet, wird gerade aus der Geschichte der Naturwissenschaften, ob es sich nun um Chemie und Physik oder um Biologie und Medizin handelt, unverlierbaren persönlichen Gewinn ziehen. Vielleicht gestatten Sie mir, bevor ich mich der Geschichte der Chemie zuwende, diesen Gedanken noch etwas weiter auszuführen, indem ich, auf eigenes Erleben zurückgreifend, Ihnen zeige, wie man von mathematischen und naturwissenschaftlichen Studien aus zu geschichtlicher Betrachtung und in weiterer Entwicklung zu geschichtlicher Quellenforschung geführt werden kann.

Als ich das Gymnasium besuchte, war uns vom Schulelend noch nichts bekannt. Vielleicht lag es daran, daß wir uns noch nicht so wichtig nahmen wie die Jugend von heute, vielleicht auch daran, daß wir nicht mit unerfüllbaren Forderungen an das Leben herantraten. Gleichwohl blieben einem jungen Menschen, der es mit seinen Überzeugungen ernst nahm, Konflikte nicht erspart. Die Gegensätze der Weltanschauungen, die draußen in der großen Welt aufeinanderstießen und um die Herrschaft stritten, drangen auch damals schon in die Schulstuben, erhitzten auch damals Köpfe und Herzen der Jugend. Da genoß man vielleicht einen Religionsunterricht, der sich in unerträglicher Enge bewegte und blinde Gefolgschaft auch auf Gebieten verlangte, die nicht in seinen Bereich gehörten. Da gab es einen Geschichts- und Literaturunterricht, in dem oft genug das gerade Gegenteil von dem gelehrt wurde, was man im Religionsunterricht gehört hatte. Da imponierten Mathematik und Physik, weil ihre Methoden und Ergebnisse auf unerschütterlichem Grunde ruhten und dem Streit der Meinungen entrückt schienen. Da lockten geheimnisvolle Wissenschaften, wie Chemie und Geologie, oder verbotene Bücher, die vom Werden und Vergehen handelten, zu Entdeckungsfahrten in Gebiete, die dem Fragenden von der Schule her verschlossen blieben. Wie sollte man sich in dieser Welt von Gegensätzen zurechtfinden?

Es schien keinen andern Weg zu sicherem Wissen zu geben, als das Studium von Mathematik und Naturwissenschaft, keine andere Grundlegung für das Gesamtstudium, als Philosophie und Erkenntnistheorie. Niemand konnte mit größeren Erwartungen und Hoffnungen seinen Weg zur hohen Schule antreten, als ich es in jungen Jahren getan habe. Wie bald aber schwand Hoffnung und Zuversicht! Man sah sich einer Unendlichkeit von Aufgaben gegenübergestellt, die zu bewältigen ganz aussichtslos war. Man hatte fort und fort technische Aufgaben zu lösen, Handgriffe zu erlernen, Einzelheiten im Gedächtnis aufzuspeichern, zu denen man das geistige Band vermißte. Und wenn die Philosophiegeschichte zunächst noch größere Anziehungskraft ausübte als mathematisches Seminar und physikalisches Praktikum, so verblaßte auch dieser Glanz, als sich zeigte, wie ein System das andere ablöste oder aufhob und nur der Zweifel übrigblieb.

In einer solchen Krise — wer hat nicht Ähnliches erlebt — fiel mir Whewells „History of Inductive Sciences" in die Hand, nicht viel später Eugen Dührings „Kritische Geschichte der Mechanik" und Ernst Machs „Historischkritische Darstellung der Mechanik". Damit waren endlich Entwicklungsrichtungen gewiesen, waren die Fortschritte in der Erkenntnis der Naturgesetze als ein wesentlicher Bestandteil der Kulturgeschichte in die Gesamtgeschichte der Menschheit hineingestellt. Erweiterung des naturwissenschaftlichen Studiums nach der biologischen und geologischen Seite hin und Versenkung in die Gedankenwelt von Comte und Spencer taten ein übriges, um einen gewissen Abschluß dieser stürmischen Entwicklungsjahre herbeizuführen.

Noch einmal brach die Lust an geschichtlichen Studien in Flammen aus, als ich, bereits dem Ende meiner Universitätsstudien nahe, im Winter 1887/88 zu Berlin L. Prowes dreibändiges Werk über Nicolaus Coppernicus kennenlernte. Was hatte ich bis dahin von den großen Reformatoren der Sternkunde, von Coppernicus und Kepler, von Giordano Bruno und Galilei, ihrem Leben und Forschen, ihrem Kampf und ihrem Märtyrertum wirklich gewußt? Zum erstenmal las ich jetzt ein biographisches Werk, das ganz und gar aus den Quellen und Urkunden aufgebaut war. Welch eine neue Welt tat sich da auf, wie füllte sich das Bild der Zeit, in die das Leben des Coppernicus fällt, mit Farben und Gestalten! Man müßte die ganze Geschichte der Spätrenaissance und der Reformation mit ihrer sinnverwirrenden Fülle der Ereignisse, der kirchlichen und politischen Bewegungen, der geistigen und künstlerischen Schöpfungen an sich vorüberziehen lassen, um den Hintergrund für das Leben und Wirken des Reformators der Sternkunde zu gewinnen. Ich will nur wenige Daten aus seinem Leben anführen, die nicht jedem meiner Zuhörer vertraut sein werden. Wer denkt wohl heute noch daran, daß in der Blütezeit des Humanismus das Latein, als allgemeine Gelehrtensprache, eine Freizügigkeit der Studierenden ermöglichte, zu der wir heute, im Zeitalter des Weltverkehrs, weiter denn je entfernt sind? Wer weiß, daß der Thorner Kaufmannssohn, nachdem er seinen Vater verloren, unter der Fürsorge seines Onkels, des herrschgewaltigen Bischofs von Ermland, nach dreijährigem Studium an der Krakauer Universität noch nahezu zehn Jahre lang in Italien weilte, daß er in Bologna das Studium der Rechte und in Padua das der Medizin absolviert hat? Daß er Ostern 1500 unter dem Pontifikat Alexanders VI. in Rom war und mathematisch-astronomische Vorträge hielt, und daß er zu Ferrara den juristischen Doktor erwarb, als dort Lucrezia Borgia glänzte? Daß er, im Verkehr mit den Astronomen zu Bologna mathematisch geschult, die Grundgedanken seines neuen Weltsystems schon aus Italien mitbrachte, aber viermal neun Jahre zögerte, seine Lehre preiszugeben? Was ist der Mehrzahl unserer Zeitgenossen über den Lebensinhalt dieser sechsunddreißig Jahre bekannt, über Coppernicus' politische und administrative Tätigkeit als Kanonikus und Kapitularstatthalter, über seine Reform des preußischen Münzwesens, seine ärztliche Tätigkeit? Für die Geschichte der Astronomie mag das alles gleichgültig sein, für die Würdigung des Mannes ist nichts davon unerheblich.

Lassen Sie mich nur noch wenige Tatsachen anführen, die sich auf sein astronomisches Lebenswerk beziehen. Gerüchte über seine neuen „Hypothesen" waren längst in alle Welt gedrungen, als der Kardinal Schönberg am 1. November 1536 aus Rom die dringende Aufforderung an Coppernicus ergehen ließ, sein System zu veröffentlichen. Aber erst der persönliche Besuch des jungen Wittenberger Astronomen Rheticus und das unablässige Drängen der nächsten Freunde bringen ihn (1539) so weit, daß er seine Zustimmung zum Druck des Werks und zur Veröffentlichung eines Vorberichts gibt. Man weiß, daß er sein Werk dem Papst Paul III. widmete, einem Freunde der Wissenschaften und Künste, der den Bau der Peterskirche durch Michelangelo wieder aufnehmen ließ, aber zugleich ein scharfer Gegner der Reformation war und die Gefahren, die der Kirche drohten, durch Einberufung des Tridentiner Konzils, durch Bestätigung des Jesuitenordens und durch Einführung der Inquisition zu beschwören suchte. Nicht als eine unter verschiedenen Möglichkeiten sich darbietende Hypothese hat Coppernicus seine Lehre vorgetragen, sondern als unumstößliche neue Wahrheit, für die er sich mit seinem ganzen Wissen und mit allen Mitteln der Beweisführung einsetzte. Auf dem Sterbebett, wenige Stunden vor seinem Tode, hat ihm Rheticus im Mai 1543 das erste im Druck vollendete Exemplar seines Lebenswerks in die Hände gelegt. Klingt es nicht wie ein Märchen, daß man auch die Reinschrift des Werks von Coppernicus' eigener Hand wieder entdeckt hat? Rheticus hatte sie seinem Schüler, dem Astronomen Valentinus Otho vermacht, der sie nach Heidelberg brachte. Dort kam sie 1603 in den Besitz des Mathematikers Christmann und nach dessen Tod 1614 an Amos Comenius. Als nach der Schlacht am Weißen Berge das Städtchen Fulnek geplündert wurde, verlor Comenius seine Habe und mit seiner Bibliothek wahrscheinlich auch die Handschrift. Sie blieb für die Wissenschaft verschollen, bis sie 1853 in der Majoratsbibliothek des Grafen von Nostitz zu Prag wieder entdeckt wurde. Ein Freiherr Otto von Nostitz, der 1631 starb, weist sich als der nächste Besitzer aus. Ob er die kostbare Handschrift von einem der Plünderer erwarb, oder ob sie Comenius an ihn verkaufte, hat sich nicht feststellen lassen. Bei einer Erbteilung 1834 wurde sie auf einen Gulden Wert geschätzt, aber weil das doch zu viel schien, wurde die Schätzung gestrichen und ein halber Gulden an die Stelle gesetzt.

Ich stand noch unter dem Nachhall des Erlebnisses, zu dem mir die Lektüre von Prowes Werk geworden war, als mir von Amts wegen eine historische Aufgabe gestellt wurde. Sie kam von der Prüfungskommission für das höhere Lehrfach in Karlsruhe: ich sollte außer der mathematischen Hauptarbeit auch noch eine Arbeit über die Bedeutung Keplers schreiben. Das Thema lockte mich zur Bearbeitung, nachdem ich mich doch schon so gründlich mit Coppernicus beschäftigt zu haben glaubte. Was ich in Büchern über die Arbeiten Keplers fand, wollte mir nicht ausreichend scheinen; es verstand sich von selbst, daß ich die Werke Keplers im Original einsehen mußte. Auf der Bibliothek wurden mir neun enggedruckte Bände ausgehändigt — fast alles lateinisch, die Erläuterungen des Herausgebers lateinisch, das Leben Keplers auf 460 Seiten des Schlußbandes lateinisch! Nur wie Oasen in der Wüste tauchten dazwischen kleinere deutsche Schriften Keplers auf, vor allem auch zahlreiche Briefe, in dem ungewohnten, verschnörkelten Deutsch der Zeit. Dreizehn Jahre, von 1858—1871, hatte der Druck der Bände, noch viel länger die aufopfernde Tätigkeit des Herausgebers Frisch gedauert. Dieser hatte nicht nur die früher schon gedruckten Werke Keplers, sondern auch den ganzen handschriftlichen Nachlaß, der auf der Sternwarte in Pulkowa aufbewahrt wird, seiner Ausgabe einverleibt und die Archive und Bibliotheken nach Urkunden durchsucht, die mit Kepler im Zusammenhang standen, um eine abschließende Darstellung vom Leben und Wirken des großen Astronomen zu schaffen. Mir standen etwa sechs Wochen Zeit für die Abhandlung zur Verfügung! Auch wenn ich Tag und Nacht arbeitete, konnte ich an den Kern der Keplerschen Arbeiten, die astronomischen Rechnungen, nicht herankommen. Was halfen mir dazu alle modernen mathematischen Kenntnisse, Integralrechnung und Funktionentheorie, analytische und synthetische Geometrie und höhere Algebra? Wußten die Herren von der Kommission, was sie da verlangt hatten? Ich war entschlossen, mich so gut wie möglich aus der Schlinge zu ziehen. In fieberhafter Hast verfolgte ich die Darstellung von Keplers Leben, die mir die Daten für das Erscheinen von Keplers Hauptwerken und ihre Entstehungsumstände an die Hand gab. Die Haupttatsachen waren mir schon aus kleineren Lebensbeschreibungen bekannt; wie anders aber wirkte auch hier wieder das urkundliche Material, die Briefe von und an Kepler, die Verhandlungen, Eingaben und Gerichtsakten mit ihren Einblicken in den Zank und Streit, in das Elend der persönlichen Verhältnisse, in Keplers Tätigkeit als Mathematiker, Kalendermacher und Astrolog in Graz, Prag und Linz! In welche Abgründe ließ der 200 Seiten füllende Aktenstoß über den Hexenprozeß gegen Keplers Mutter blicken, die nur mit knapper Not der Folter und Verbrennung entging! Und dies Persönlichste wieder mit dem Hintergrund der Reformation und Gegenreformation, des Dreißigjährigen Krieges, von dem Kepler die ersten elf Jahre noch erlebte, mit den Kaisern und Päpsten, weltlichen und geistlichen Fürsten jener Zeit, mit dem astrologischen Aberglauben und dem Hexenwahn, der die Welt erfüllte, während sich gleichzeitig der Umsturz auf allen Gebieten der Naturwissenschaft anbahnte, gekennzeichnet durch Namen wie Giordano Bruno, Galilei, Bacon, nicht am wenigsten durch Keplers eigene unsterbliche Entdeckungen! Erfüllt von all diesen unmittelbar zur Phantasie sprechenden Bildern, wenn auch mit einer mangelhaften Einsicht in die Marsberechnungen, die Kepler zu seinen drei Gesetzen führten, schrieb ich dann in wenigen Tagen meine Abhandlung nieder. Ich hatte noch einmal einen Trunk aus den Quellen der Wissenschaftsgeschichte getan, ich hatte eine große Zeit innerlich miterlebt, und schließlich die gestrenge Prüfungskommission mit der vorgelegten Arbeit zufriedengestellt.

Auch wenn es mir gelungen sein sollte, an diesen Erinnerungen aus meiner Studienzeit zu zeigen, wie die Beschäftigung mit dem Leben und den Werken großer Forscher lang nachwirkenden, unverlierbaren persönlichen Gewinn bringen kann, so könnten Sie mir doch mit Recht jetzt entgegenhalten: Was gehen uns Chemiker ein Kepler und Coppernicus an? Was haben diese Astronomen mit den Aufgaben der Chemiegeschichte zu schaffen? Ich antworte darauf, daß es mir gerade für meine weiteren Ausführungen nützlich und wünschenswert schien, Sie für einen Augenblick aus dem Vorstellungskreis der Chemie herauszuführen, für eine andere unbestritten wichtige Seite der Naturwissenschaft Ihre Teilnahme zu erwecken, weil sich bei der Betrachtung eines fremden Gebiets störende Nebengedanken, die sich vom eigenen Beruf her einmischen mögen, weniger geltend machen werden.

Wir wollen uns jetzt zwei Fragen vorlegen und sie zu beantworten versuchen. Die eine lautet: hat es Sinn, sich mit der Erforschung der Sternenwelt zu befassen? Und die andre: hat es Sinn, sich auch um die Geschichte dieser Erforschung zu bemühen? Ich denke, es wird niemand wagen, den Astronomen die Existenzberechtigung abzustreiten, weil wir die Sterne nicht vom Himmel herunterholen können, weil die astronomische Wissenschaft nur wenig praktische Anwendung zuläßt. Fanatiker des wirtschaftlichen Nützlichkeits- und Bedürfnisstandpunkts würden vielleicht sagen: der Kalender und die Ortszeiten können von einer Zentrale aus für die ganze Welt berechnet werden, dazu braucht man nicht die zahlreichen Sternwarten; auch Sternkataloge gibt es längst genug, und ob noch einige Doppelsterne oder Nebel oder Planetoiden mehr entdeckt werden oder nicht, ist für die Volkswirtschaft völlig gleichgültig. Wir würden ihnen antworten: Solange es Menschen gegeben hat, ist ihnen Erde und Himmel als der große Gegensatz von Nahem und Fernem, Endlichem und Unendlichem, Wandelbarem und Ewigem erschienen. Solange es eine höhere menschliche Gesittung gibt, hat die Erhabenheit des nächtlichen Sternhimmels, die ewig gleiche Bewegung der an der Himmelskugel festgebannten Fixsterne, die abweichende Bewegung der Planeten, das Erscheinen von Kometen und Sternschnuppen, das Wechselspiel der Mondphasen das Staunen und Nachdenken der tiefer veranlagten Geister erregt. In der mathematischen Bewältigung der Bewegungsvorgänge, in der Schritt für Schritt von der Täuschung der Sinne zur Erkenntnis der wahren Vorgänge fortschreitenden Erkenntnis hat der menschliche Geist die höchsten Triumphe gefeiert. Sollte uns der Himmel, nachdem unsere Vorfahren im achtzehnten Jahrhundert mit der Astrologie aufgeräumt haben, die noch das ganze siebzehnte Jahrhundert beherrschte, nichts mehr zu sagen haben? Oder haben die modernen Astronomen, ausgerüstet mit den weittragenden Fernrohren, mit Spektralapparat und photographischer

Kamera, unser Wissen von der Welt der Sterne nicht auch in den letzten fünfzig Jahren in erstaunlichster Weise erweitert und vertieft? Ich meine, die große und erhabene Aufgabe der Erforschung des himmlischen Kosmos bleibt bestehen, auch wenn sich der moderne Großstädter, geblendet von der Lichtreklame der Kinos und Tanzpaläste, nicht mehr daran erinnert, daß er noch einen Sternhimmel über sich hat.

Gewiß kann nicht jeder sein Leben der Erforschung des Himmels widmen. Man muß dazu geboren sein, wie man zum Maler oder zum Musiker geboren sein muß. Der Staat sorgt nur dafür, daß die sogenannten Gebildeten mit gewissen Grundbegriffen, mit den Haupttatsachen der Astronomie bekannt werden. Der Gebildete weiß, daß die Erde keine Scheibe, sondern eine Kugel ist, daß die Sonne nicht auf- und untergeht, und daß sich der Himmel nicht um die Erde dreht, sondern die Erde um ihre eigene Achse rotiert; daß die Sonne nicht am Himmel den Weg der Ekliptik geht, sondern daß die Erde durch ihren Umlauf um die Sonne diesen Schein erzeugt. Der Gebildete weiß weiter, oder er weiß es auch nicht, daß Coppernicus die schon im Altertum von Aristarch gelehrte Kreisbewegung der Erde und der Planeten neu begründete, daß Kepler nach Entdeckung der elliptischen Bahnen die Gesetze der Planetenbewegung durch die nach ihm benannten drei Sätze darstellte, daß Newton endlich diese Sätze durch die Entdeckung der Gravitation zur Einheit zusammenfügte. Sind aber diese, durch die größten Astronomen und Mathematiker in hirnzersprengender Denkarbeit gewonnenen Erkenntnisse für die große Mehrzahl der Gebildeten etwas anderes als gläubig hingenommene Behauptungen? Hat man heute noch irgendeine Vorstellung von dem Wege, auf dem diese Erkenntnisse gewonnen worden sind? Ich glaube, ich kann das ruhig verneinen; und damit bin ich an dem Punkte angelangt, wo ich die zweite Frage beantworten kann, die Frage, ob es Sinn hat, sich um die Geschichte der Astronomie zu kümmern.

Indem ich Ihnen von meinen persönlichen Erlebnissen auf diesem Felde erzählte, wollte ich schon die Antwort auf diese Frage vorbereiten. Der Sinn jener Ausführungen wird Ihnen noch deutlicher werden, wenn ich die Sätze A. von Harnacks wiederhole, die ich dem Ersten Jahresbericht des Berliner Instituts als Geleitwort mit auf den Weg gegeben habe: „Glauben Sie nicht, daß Sie Erkenntnisse einsammeln können, ohne sich mit den Persönlichkeiten innerlich zu berühren, denen man sie verdankt, und ohne den Weg zu kennen, auf dem sie gefunden worden sind. Keine höhere wissenschaftliche Erkenntnis ist eine bloße Tatsache; eine jede ist einmal erlebt worden, und an dem Erlebnis haftet ihr Bildungswert." Das ist, wie ich überzeugt bin, die richtige Antwort auf meine zweite Frage. Der Theologe Harnack hat diese Worte vor vielen Jahren, als Rektor der Universität Marburg, den Studenten aller Fakultäten, nicht nur den Theologen zugerufen. Seine Mahnung ist auch heute nicht veraltet oder überholt: im Gegenteil, sie ist notwendiger denn je gegenüber einer in den Kreisen der Naturforscher weit verbreiteten Anschauung, daß man aus der Beschäftigung mit der Geschichte einer Fachwissenschaft nichts gewinnen könne, daß höchstens die Geschichte der letzten zwanzig oder, wenn es hoch kommt, fünfzig Jahre dem modernen Physiker, Chemiker, Biologen oder Mediziner etwas zu sagen habe. Man kann diese Einstellung bei den Forschern begreifen, die mit den Problemen der Gegenwart ringen und, auf den Schultern der älteren Generation stehend, den Blick in immer weitere Fernen richten. Man kann sie noch mehr verstehen bei der großen Zahl der mit Spezialaufgaben der Industrie und Technik beschäftigten Fachleute, der im Beruf stehenden Ärzte, Physiker, Chemiker, denen wenig Muße bleibt zu geschichtlichen Quellenstudien. Aber die Frage ist ja nicht gestellt, ob sich **jeder einzelne** mit Forschungsaufgaben, mit geschichtlichen Quellenstudien befassen solle. Niemand braucht das zu tun, der sich nicht von selbst zu dieser Forschungsarbeit hingezogen fühlt. Wogegen ich mich wende, wogegen sich jeder von der Größe der auf naturwissenschaftlichem Gebiet geleisteten Arbeit durchdrungene moderne Mensch wenden muß, das ist etwas ganz anderes. Es gilt, die **Geringschätzung der Leistungen vergangener Geschlechter** zu bekämpfen, es gilt, der **Gleichgültigkeit entgegenzutreten**, mit der man das geschichtliche Werden der heutigen, gewiß alles Frühere in Schatten stellenden, aber doch auch nur bis auf weiteres geltenden Naturwissenschaft zu betrachten pflegt. Die Naturwissenschaft hat auf ihre Geschichte das gleiche gute Recht, das die andern, in ihrer zeitlichen Bedingtheit schon länger erkannten und historisch-kritisch behandelten Kulturschöpfungen der Menschheit, Religion, Philosophie, Sprache und Literatur, Staat und Wirtschaft, Baukunst, Malerei und Musik für sich in Anspruch nehmen. **Es ist Zeit, daß man endlich überall, wo man mit Naturwissenschaft zu tun hat, die Notwendigkeit erkennt, die geschichtliche Forschung zu organisieren und ihr die Mittel zu gewähren, deren sie zur Lösung ihrer vielseitigen Aufgaben bedarf.** Welcher Art diese Aufgaben für den besonderen Fall der **Chemiegeschichte** sind, was bisher auf diesem Sondergebiet geleistet worden ist und künftig noch zu leisten sein wird, soll den Inhalt meiner weiteren Ausführungen bilden. Es wird sich dabei Gelegenheit finden, an dem besonderen Fall auch allgemeinere Gesichtspunkte zu erörtern, die für jede Art Geschichtschreibung grundlegend sind, Fragen der **Methode** insbesondere, die geklärt sein müssen, wenn die Geschichtschreibung der **Naturwissenschaft** auf die gleiche Höhe gebracht werden soll, die durch zielbewußte und umfassende Arbeit ganzer Generationen von Historikern und Philologen auf dem Gebiet der Geisteswissenschaften erreicht worden ist.

Alle Geschichtschreibung muß ausgehen von den geschichtlichen Urkunden. Was man als Urkunden zu betrachten hat, hängt vom Gegenstand der Geschichte ab. Eine Geschichte der bildenden Kunst wird sich in erster Linie auf die noch erhaltenen Kunstdenkmäler stützen, aus ihnen wird sie ihre wesentlichsten Gesichtspunkte gewinnen müssen. Läßt sich das absolute Alter der Denkmäler aus damit verbundenen Inschriften bestimmen, so hat der Kunsthistoriker einen festen Boden, eine sichere Grundlage, die ihm ermöglicht, auch undatierte, aber stilverwandte Denkmäler in die Entwicklung einzuordnen. Gehören Kunstdenkmäler Völkern und Zeiten an, die keine schriftlichen Urkunden hinterlassen haben, so kann nur die dem Geologen abgesehene Methode der genauen Feststellung von Fundschichten und Leitfossilien, in diesem Falle von typischen Erzeugnissen des Kunsthandwerks, zu einer relativen Zeitrechnung und einer Unterscheidung aufeinanderfolgender Kunststile führen. Ich brauche nicht besonders zu betonen, daß die Erforschung der Vorgeschichte des Menschen auf diese Methode angewiesen ist und damit die glänzendsten Ergebnisse erzielt hat.

Für die Staatengeschichte können die gleichen Denkmäler, die die Kunstgeschichte zu behandeln hat, nutzbar gemacht werden. Denn meist sind es ja die mächtigen Herrscher, die die Göttertempel und Paläste errichteten und die Wände der Tempel und Grabkammern mit den Berichten über ihre Großtaten beschreiben ließen. Daneben bilden alle andern gleichzeitigen Schriftdenkmäler, Regierungserlasse, Berichte von Heerführern, Gesandten, Beamten u. dgl. die erste und wichtigste Klasse des urkundlichen Materials. Beginnt sich eine selbständige historische Literatur zu entfalten, so wird immer geprüft werden müssen, wie weit sich die Darstellung des Schriftstellers mit den authentischen Quellen in Einklang befindet, wie weit er unbewußt die ihm näherliegenden Verhältnisse einer jüngeren Zeit auf das Alte überträgt, wie weit bewußte Tendenz in der Anordnung und Darbietung des Stoffes vorliegt, wie weit vielleicht schon die alten Urkunden Fälschung und Entstellung der Tatsachen verraten. Kurz, sobald es sich um die Benutzung und Beurteilung schriftlicher Urkunden handelt, hat die historisch-philologische Methode, die Kritik der Texte einzusetzen. Je reicher das Material der geschriebenen Urkunden zusammenströmt, desto vielseitiger und fruchtbarer wird die Arbeit des den Ereignissen folgenden Historikers sein.

Auch die Geschichte der Chemie muß sich auf diese beiden Arten von Urkunden, die Sachfunde und die Schriftdenkmäler stützen. Ein Stück Blei, in einem prähistorischen Grab oder in einem ägyptischen Tempel gefunden, ist ein unwiderlegliches Dokument dafür, daß man in einer durch andere Fundgegenstände näher bestimmbaren Epoche bereits verstanden hat, aus dem Bleiglanz, der sich auf Lagern und in Erzgängen findet, das Metall auszuschmelzen. Blaue, gelbe, weiße Glasuren verraten dem Chemiker nicht nur die Zusammensetzung, sondern meist auch das Rohmaterial und die technischen Hilfsmittel, die man bei ihrer Herstellung anwandte. Förderte eine Grabung in Babylonien oder in Ägypten einmal eine keramische oder metallurgische Werkstatt zutage, so würde der chemische Techniker in Verbindung mit dem Archäologen zweifellos die interessantesten Feststellungen über den Stand der chemischen Praxis jener Zeit machen können. Leider sind nicht nur die meisten chemischen Produkte, sondern auch die Apparate so vergänglicher Natur, daß die Hoffnung, es möge eines Tages gelingen, eine keramische Arbeitsstätte aus alter Zeit unversehrt wieder ans Licht zu ziehen, verschwindend gering ist. So bleiben für den Chemiehistoriker als weitere Quellen nur noch gelegentliche bildliche Darstellungen von Arbeitsprozessen mit etwa vorhandenen Beischriften, und die technische Literatur, die sich aus dem Untergang der mit wenig Sorgfalt überlieferten Handwerkerrezepte durch irgendeinen Zufall gerettet hat. Es bleibt weiter die allgemeine geschichtliche Literatur, in der sich Angaben finden, die für die Geschichte der Chemie verwertet werden können, und es erscheinen nach und nach als Hauptquellen die Schriften der griechischen Philosophen, Naturforscher und Ärzte, denen sich im weiteren Verlauf der Geschichte die arabischen und die spätlateinischen Alchemisten und Ärzte hinzugesellen. Die Zeit des Coppernicus bringt auch für die Chemie eine entscheidende Wendung; ich brauche Ihnen nicht lange zu erläutern, warum, wenn ich den großen Paracelsus nenne, der 1541, also zwei Jahre vor Coppernicus gestorben ist, und Georg Agricola, der den Reformator der Sternkunde um zwölf Jahre überlebt hat. Soll ich Zeitgenossen Keplers anführen, die sich um die Chemie verdient gemacht haben, so wäre Libavius an erster Stelle zu nennen, er starb 1616, dann Angelus Sala, schließlich Johann Baptist van Helmont. Wenn Ihnen die Ansichten und Leistungen dieser Männer, gemessen an der gleichzeitigen Astronomie, allzu rückständig erscheinen wollen, so vergessen Sie nicht die Schwierigkeit der chemischen Fragen auf der einen, die von jener Zeit für ernsthafte Wissenschaft gehaltene Astrologie auf der anderen Seite.

Doch ich will in dieser Stunde keine Skizze der Chemiegeschichte geben, sondern von ihren noch ungelösten Aufgaben sprechen. Das kann ich nur, indem ich Ihnen zeige, was wir den älteren Bearbeitern der Chemiegeschichte verdanken, welche Auffassungen sie vertraten, worin sie irrten, worin ihre jeweiligen Nachfolger einen Schritt vorwärts machten, und was der Gegenwart und Zukunft zu tun übrigbleibt. Es wird sich dabei, auch wenn ich nur die kurze Zeitspanne vom Ende des achtzehnten Jahrhunderts bis heute an Ihrem Auge vorüberziehen lasse, mit großer Klarheit zeigen, wie jede neue Darstellung das Gepräge ihrer Zeit trägt, wie der einzelne Historiker nicht nur abhängig ist von dem Maß der eigenen Kräfte und dem Programm, das er verfolgt, sondern noch mehr vielleicht von dem Gesamtcharakter seines Zeitalters und vom Stand der Hilfswissenschaften, auf die er sich stützen muß.

Sie werden mitten in den Geist der Zeiten versetzt, wenn ich mit der „Geschichte des Wachstums und der Erfindung in der Chemie, in der ältern und neuern Zeit" beginne, die Joh. Christ. Wiegleb in den Jahren 1790—1792 erscheinen ließ. Das Gesamtwerk ist in seinem ersten Teil eine durch Zusätze und Anmerkungen erweiterte Übersetzung zweier lateinisch geschriebener Abhandlungen von Torbern Bergman, deren eine „De primordiis Chemiae" 1779, deren andere „Historiae Chemiae medium seu obscurum aevum, a medio saeculi septimi ad medium saeculi septimi decimi" 1782 zu Uppsala erschienen ist. Beide Abhandlungen sind fast gleich groß und umfassen zusammen 240 schmale Oktavseiten. Der zweite Teil des Werks stammt von Wiegleb selbst und behandelt die damals neueste Zeit, von Boyle bis Lavoisier.

Torbern Bergman ist Ihnen als Zeitgenosse Scheeles wohlbekannt. Er war ursprünglich Professor der Mathematik und beschäftigte sich nebenbei auch mit Chemie. Er erhielt 1767 den Lehrstuhl für Chemie zu Uppsala, den er trotz eines Angebotes von seiten Friedrichs des Großen, nach Berlin zu kommen, nicht verließ. Was seine beiden Abhandlungen betrifft, so stützen sie sich, wie das damals nicht anders möglich war, für das Altertum auf die Bibel und die klassischen Autoren. Wenn Bergman auch gegen allzu alberne Vorstellungen über den Ursprung der Chemie, wie sie noch bei Olaus Borrichius um 1668 vertreten wurden, mit ziemlicher Entrüstung zu Felde zieht, so wird es Ihnen doch auch reichlich altmodisch erscheinen, daß er selbst den achten Menschen nach Adam, den Tubalkain, der ein Meister in allerhand Kupfer- und Eisenwerk war, als Vater der Chemie gelten läßt. „Es scheint auch", sagt Bergman, „daß ebenderselbe in der Folge von den Götzendienern unter dem Namen Vulkan verehrt worden sey. Von seiner Kunst haben wir gar keine Dokumente; aber es ist sehr wahrscheinlich, daß sie roh genug gewesen seyn mag. Der Name eines Chemisten, womit er von vielen verehrt wird, müßte demnach mit gleichem Rechte auch jedem Schmiede und Rothgießer beygelegt werden. Es wenden zwar dagegen einige ein, daß er das Eisen und Kupfer nicht hätte verarbeiten können, wenn ihm nicht auch zugleich die Untersuchungskunst der Erze, so wie die Ausschmelzung, Reinigung und Scheidung der Metalle bekannt gewesen wäre. — Allein, wenn diese Metalle in der Nachbarschaft des Paradieses sich vorgefunden hätten, so wären jene große Umschweife gar nicht nötig gewesen. Gold wird bald vom Anfange der Welt erwähnt, und zur Zeit des Abraham wurden schon allerley Bedürfnisse für ein bestimmtes Gewicht Silber verkauft. Es ist aus der ältesten Geschichte klar erweislich, daß damals von diesen Metallen im Orient eine überaus große Menge vorhanden gewesen ist, und daß deswegen Tubalkain sehr leicht aus Neugierde solche durch Hämmern und Schmelzen im Feuer hat untersuchen können; daher auch sehr wahrscheinlich, daß er hernach diese Eigenschaften noch in andern Körpern auf-

gesucht, und solche sowohl im gediegenen Eisen wie im Kupfer gefunden hat"...
„Es findet sich auch in der hl. Schrift angeführet, daß Noah, der vielleicht in der Folge der Zeit als Bacchus verehrt worden ist, aus Trauben Wein gemacht habe, ingleichen, daß zur Erbauung des babylonischen Turms Backsteine gebrannt worden sind. Und diess sind fast die einzigen Spuren chemischer Künste bis auf die Zeit nach der Sündfluth..."

Sehr eingehend beschäftigt sich Bergman mit der uralten Weisheit der Ägypter, die sich durch alle Wechsel der Regierungen hindurch bis zur (angeblichen) Zerstörung Alexandriens durch die Araber erhalten habe. Er versäumt auch nicht anzumerken, daß mit den griechischen Handschriften „über sechs Monathe lang die alexandrinischen Badstuben, deren über 4000 in der Stadt waren, geheitzet wurden". Selbstverständlich gilt ihm Hermes Trismegistos als der Urvater der Alchemie, und er verfehlt nicht, den Wortlaut der Tabula Smaragdina anzuführen; doch weiß er bereits, daß die Mehrzahl der sogenannten Hermetischen Schriften jüngeren Datums ist und auch sonst eine Menge unterschobener Schriften zwischen echten überliefert sind.

Was die alten Griechen von chemischem Wissen besaßen, haben sie nach Bergman fast ganz den Ägyptern zu verdanken. Der scharfsinnigste dieser Griechen war Demokritos aus Abdera. „Er wurde von Ostanes dem Meder, der von den persischen Königen in Angelegenheiten des Gottesdienstes nach Ägypten geschickt worden war, im Tempel zu Memphis unter den Priestern und Philosophen eingeweiht und in den heiligen Schriften unterrichtet. Unter diesen war auch Pammenes und Maria, ein gewisses hebräisches Weib, die in aller Art der Wissenschaften ausgebildet war. Demokritos und Maria sind deswegen gelobt worden, weil sie unter vielen und gelehrten Rätseln die Kunst eingehüllet hätten. Den Pammenes aber hat man deswegen ausgeschmähet, weil er umständlich und deutlich geschrieben hatte."

Bergman schließt seine Ausführungen über die Griechen mit den Worten: „Dies mag nun genug seyn, weil die mehresten Behauptungen der Griechen selten von Beobachtungen und Versuchen richtig abgeleitet worden sind, sondern vielmehr aus erstaunenden Missgeburten vorurtheyliger Meynungen und nichtswürdiger Einbildung bestehen." Es folgen Bemerkungen über die chemischen Kenntnisse der Juden, wobei die ägyptische Weisheit des Moses in besonders glänzendem Licht erstrahlt; über die Phönizier, die siebenhundert Jahre nach der Sündflut durch einen Zufall das Glas entdeckten und hernach in Sidon durch Scharfsinn und Fleiß zweitausend Jahre lang davon einen großen Nutzen gezogen haben; über die Perser, insbesondere Zoroaster, den Erfinder der Magie, und die Gewohnheit der Perser, die Metalle mit den Namen der Gestirne zu belegen; über die Inder nach Philostratus, dem Verfasser einer romanhaften Biographie des Apollonios von Tyana. Den Schluß bilden Mitteilungen über die Chinesen nach dem Jesuiten Martini und über die Römer, hauptsächlich nach Plinius und Vitruv. Ich müßte natürlich sehr viel mehr Einzelheiten anführen, um den Stand der chemiegeschichtlichen Anschauungen vor hundertfünfzig Jahren zu kennzeichnen. Ich verzichte darauf, weil ich nicht den Eindruck erwecken will, als wolle ich durch Mitteilung von Ansichten, die für uns längst abgetan sind, den Verfasser herabsetzen oder lächerlich machen. Das direkte Gegenteil ist meine Absicht: ich möchte Ihnen so eindringlich wie möglich zum Bewußtsein bringen, daß ein Historiker der Chemie oder irgendeiner andern Wissenschaft, mag er leben, wann er will, über das historische Gesamtniveau seiner Zeit sich nicht erheben kann. Er muß die Quellen ausschöpfen, die ihm die Philologie und Geschichtschreibung seiner Zeit an die Hand gibt, und er muß sich in dem Anschauungskreis bewegen, der für seine Zeit Geltung hat. Er wird nicht in der Lage sein, in wesentlichen Dingen eine von der zeitgenössischen Auffassung hinsichtlich des Alters und der Vertrauenswürdigkeit der Quellen abweichende, den Historikern vielleicht erst zwanzig Jahre später einleuchtende Ansicht zu begründen — er müßte denn selbst ein Entdecker von neuen historischen Gesichtspunkten sein, die der zünftigen historischen Wissenschaft entgangen waren. Das sind Binsenwahrheiten für den Historiker, aber sie müssen einmal auch vor Chemikern ausgesprochen werden, und ich werde später noch die Nutzanwendung daraus zu ziehen haben.

Die mittlere Periode der Chemie, von der Mitte des siebenten bis zur Mitte des siebzehnten Jahrhunderts, nennt Bergman die der dunkeln Geschichte; man könne sie auch die hermetische oder alchemistische nennen. Von den Arabern weiß er blutwenig, so daß sich Wiegleb veranlaßt sieht, in langen Anmerkungen zu Hilfe zu kommen und wenigstens den Geber, mit seiner 'Summa Perfectionis Magisterii' als wichtigsten Repräsentanten arabischer Alchemie anzuführen. Aus der Gewohnheit Gebers, das zur Metallverwandlung angewandte Mittel eine Medizin zu nennen, sei die Einbildung entstanden, daß das gleiche Mittel auch als allgemeines Arzneimittel gegen alle Krankheiten nütze. So sei dies ein Beispiel, wie eine Torheit aus der andern zu entspringen pflege.

Recht ausführlich berichtet Bergman über die medizinische und technische Chemie der späteren Jahrhunderte. Nichts aber kennzeichnet die Lage um 1780 — das ist die Zeit von Kants 'Kritik der reinen Vernunft' — schärfer, als daß Bergman für notwendig hält, am Schluß zwei eigene Abschnitte über die Möglichkeit, künstlich Gold herzustellen, und aus Gold eine Universalarznei zu gewinnen, hinzuzufügen. Er kommt zu dem Ergebnis, daß die Unmöglichkeit, Gold herzustellen, zwar nicht bewiesen werden könne, daß aber von den in den letzten Jahrhunderten berichteten Verwandlungsgeschichten die meisten falsch seien. Nur einige seien von der Art, daß man sie nicht in Zweifel ziehen könne, wenn nicht alle historische Glaubwürdigkeit verworfen werden solle. Der Glaube an die Universalarznei aber sei ebenso alt, als schädlich. Denn die Ärzte, die eine solche zu besitzen vorgäben, vernachlässigten die Untersuchung der Ursachen und Symptome der Krankheiten und richteten nur Schaden an.

Die von Wiegleb geschriebene Geschichte der neueren Chemie ist rein äußerlich in fünf Perioden geteilt, die sich über die Jahre 1650—1700, 1750, 1775, 1790 erstrecken. Er gibt für jedes einzelne Jahr die Titel der veröffentlichten chemischen Abhandlungen nebst einem Auszug des Inhalts, meist mit kritischen Randbemerkungen, bisweilen auch längeren Exkursen, wenn er sich veranlaßt fühlt, Projektmachern, Gauklern und Alchemisten entgegenzutreten. So ist das Buch wegen der temperamentvollen Sprache recht amüsant zu lesen, nur kann diese Chronik der chemischen Entdeckungen und Erfindungen nicht auf den Namen einer Chemiegeschichte im Sinne der Problemgeschichte Anspruch machen.

Ich erwähne zur Kennzeichnung der Zeit eine im Jahre 1773 von der Berliner Akademie der Wissenschaften gestellte Preisfrage: ,,Wozu die Natur den in Erzen vorhandenen Arsenik anwende? Ob man durch Erfahrung beweisen könne, daß er zur Entstehung der Metalle behülflich sey? Und wenn dies wäre, unter welchen Umständen solches geschähe?" Das war ein Jahr, bevor Priestley die ,,dephlogistisierte Luft" entdeckte, und wenige Jahre, ehe Lavoisier seine neue Theorie der Verbrennung aufstellte. Für das Jahr 1783 notiert Wiegleb, daß Lavoisier die Gewichtszunahme von Schwefel und Phosphor beim Verbrennen dadurch erklären wolle, daß diese Körper dephlogistisierte Luft einschluckten, oder sie vielmehr zerlegten und sich ihrer säureerzeugenden Grundlage bemächtigten, wobei der Wärmestoff in die freie Luft entweiche; zugleich sei er auch mit neuen Betrachtungen über das ,,brennbare Wesen" herausgerückt, das er ganz und gar zu verleugnen und aus der Natur wegzudemonstrieren versuche. Noch für 1789 berichtet Wiegleb mit Genugtuung, daß in Frankreich das neugeschmiedete System des Herrn Lavoisier keinen allgemeinen Beifall finde, daß ganz Italien die neue Theorie und Terminologie verwerfe, und daß auch Herr Beddoes in Oxford, der ein Anhänger des Systems gewesen sei, sich von seiner Unhaltbarkeit überzeugt habe.

Für das gleiche Jahr 1789 rechnet Wiegleb auch noch einmal gründlich mit den alchemistischen Wundergeschichten ab, nachdem wenige Jahre vorher der Arzt K. A. Kortum — der bekannte Verfasser der Jobsiade — sich für die Möglichkeit der Goldmacherei eingesetzt hatte: ,,Ich will mich noch einmal kurz erklären, daß ich schlechterdings alle alchemistischen Historien aus allen Weltheilen, sie mögen in Stein oder Metall eingegraben, auf Drachenhaut oder Baumrinde geschrieben seyn, für ungültig anerkenne, von der streitigen Kunst das Geringste zu beweisen. Soll die Metallverwandlungskunst vorhanden, und von Menschen jemals ausgeübet worden seyn, so muß sie, wie andre Künste, auf festen unwandelbaren Naturgesetzen beruhen. Diese Gesetze müssen dann den Menschen bekannt, von Menschen beschrieben, und durch die Befolgung von Menschen zweckmäßig ausgeführt werden können. Das heißt, die Metallverwandlungskunst muß, wie jede in der Natur gegründete Kunst, praktisch bewiesen werden, wenn sie wahr seyn soll ... Ich habe schon vor einigen Jahren die versteckten eingebildeten Alchemisten aufgefordert, mir, als einem deklarirten Leugner der künstlichen Metallverwandlungskunst, zu meiner Ueberzeugung nur einen oder etliche Grane Verwandlungspulver, oder noch weniger, damit ich nur aus Bley 1 bis 2 Drachmen Gold mit meinen eignen Händen machen könnte, unter wahrer Namens Unterschrift und Ort des Aufenthalts zu übersenden, und habe mich dabey verpflichtet, daß ich, wenn alles richtig erfolgt sey, mit Verschweigung seines Namens, öffentlich meine Ueberzeugung bekennen, Abbitte thun und der Alchemie die stärkste Ehrenerklärung leisten wollte. Könnte man wohl einen stärkern Triumph wünschen? Und dennoch kann ich versichern, daß seit den dazwischen verflossenen sieben Jahren von allen zerstreuten Alchemisten auch nicht ein Gran von ihrem vorgeblichen Meisterpulver bey mir eingegangen ist. Eben deswegen aber wird man mich auch entschuldigen, wenn ich bis zu dieser verlangten Ueberzeugung die Wirklichkeit jener eingebildeten Kunst aufs strengste verleugne." Mit dieser Absage Wieglebs an alle Alchemisten darf ich wohl den Bericht über das älteste kritische Chemie-Geschichtswerk schließen.

Von erheblich größerem Umfang, und besonders von unerhörter Reichhaltigkeit in den bibliographischen Angaben, ist Joh. Fr. Gmelins in den Jahren 1797—1799 erschienene dreibändige Geschichte der Chemie. Da sie zum Bestand einer Geschichte der Künste und Wissenschaften „seit der Wiederherstellung derselben bis an das Ende des achtzehnten Jahrhunderts" gehört, die „von einer Gesellschaft gelehrter Männer ausgearbeitet" um die Jahrhundertwende ins Leben gerufen wurde, mußte Gmelin die ganze ältere Geschichte der Chemie von seiner Darstellung ausschließen. Wie er sich, durch und durch vom Stolz des Aufklärungszeitalters erfüllt, den Stand der Dinge im zwölften Jahrhundert vorstellt, zeigen die Sätze, mit denen er das 'Zeitalter der Araber' einleitet. „Noch dekte dicke Finsternis den größten Theil Europens: Die wenige wissenschaftliche Felder, welche nicht ganz öde lagen, wurden beinahe ausschließlich von Mönchen angebaut, auf eine Art, die, wenn jemals, doch erst in einer fernen Zukunft, auf reine Ernte hoffen lies; der römische Hof regierte schon da mit eisernem Scepter über Wissenschaften, so wie über Fürsten, Könige und Kaiser, und hielt es seiner Staatskunst angemessen, jeden Schein von Licht, der in diese, seinen Absichten so vorteilhafte, Dunkelheit hereinfiel, mit Gewalt abzuhalten: dis Los traf vornemlich auch die Naturwissenschaften, die schon damals in dem Verdacht standen, daß sie aufklären könnte(n), wo man alles anstrengte, Aufklärung zu verbannen; Kenntnisse dieser Art aus heidnischen

Schriftstellern schöpfen, was wohl sonst noch hin und wieder geschehen war, hielt man für Versündigung an dem heiligen Glauben, Sätze, auch aus diesen Wissenschaften, aufstellen, welche, wenn sie gleich den Aussprüchen der Kirchenversammlungen und ihres Oberhauptes nicht gerade zu widersprachen, doch nur einen Schritt weiterzuführen, tiefer einzudringen schienen, für strafbare Eingriffe in die Rechte der Kirche. Wirklich bezeugten auch die Söhne der abendländischen Kirche einen so unbedingten Gehorsam, daß sich unter ihnen beinahe kein einziger in diesem Zeitalter als Schriftsteller in diesen Fächern zeigte, und alle Weisheit dieser Art bei den Ungläubigen (in der Sprache dieses Zeitalters), bei den Morgenländern und, einige wenige Byzantiner abgerechnet, von welchen noch Schriften auf uns gekommen sind, bei den Arabern blieb."

Es ist nicht recht verständlich, warum Gmelin das Zeitalter der Araber erst mit dem zwölften Jahrhundert beginnen läßt, da er sich doch genötigt sieht, auf Geber als den größten Vertreter der chemischen Wissenschaft, der schon im achten Jahrhundert lebte, zurückzugreifen. Daß er dabei die lateinischen Geber-Schriften vom Ende des dreizehnten Jahrhunderts seiner Charakteristik zugrunde legt und in allem übrigen von den noch recht spärlich und trübe fließenden Quellen der orientalistischen Wissenschaft des achtzehnten oder gar siebzehnten Jahrhunderts abhängig ist, daß ihm ebenso die geschichtliche Perspektive für das 'Zeitalter der Arabisten', d. h. der von den Arabern abhängigen lateinischen Schriftsteller, wie für das von ihm bis in den Anfang des sechzehnten Jahrhunderts erstreckte 'scholastische Zeitalter' abgeht, darf man feststellen, ohne daraus dem Autor einen Vorwurf zu machen. Wie nahe Gmelin der Aufdeckung jener großen Mystifikation war, die sich an den Namen Basilius Valentinus knüpft, zeigen die kritischen Bemerkungen zu seinen angeblichen Schriften: „Die Sprache, in der er zu den Ärzten seines Zeitalters spricht, ist um nichts feiner, als diejenige, die Paracelsus führt; auch hat er mit diesem und seinen Vorgängern seine astrologischen Grillen, und mit den meisten alchemischen Schriftstellern seines Standes die Klagen über die Verachtung der Naturgaben, und die häufige, zweckwidrige Einmischung frommer Betrachtungen, Ermahnungen, Klagen gemein. Auch er, der selbst den Stein bereitet zu haben sich rühmt, und darzu die göttliche Offenbarung für nöthig erachtet, nimmt einen Samen der Metalle, und *Mercurium, Sulphur* und *Sal* als ihre drei Urstoffe an; schreibt ihnen aber doch, so wie andern Menschen, ein anfahendes Ding und einen unbegreiflichen Geist zu; auch er ist von der Wirksamkeit eines allgemeinen Heilmittels überzeugt, und versichert, es gebe Gifte und Arznei für alles; er findet große Aehnlichkeit zwischen der Reinigung des Goldes und derjenigen des menschlichen Leibes, und bewirkt sie bei beiden durch Spiesglanz; auch er schreibt dem Stein eine vermehrende Kraft zu. Er ist einer der ersten, die den Stein der Weisen auch auser Gold und Quecksilber suchen (Particularisten). Bei dem allen verräth der Verfasser dieser Schriften, wer er auch seie, sowohl im theoretischen Theile der Scheidekunst, als in den Handgriffen bei ihrer Ausübung, und noch mehr in ihrer Anwendung auf unterschiedene Gewerbe, und besonders auf die Bereitung von Arzneien, gründliche Kenntnisse und Einsichten, wie man sie von dem Zeitalter, dem er zugeschrieben wird, nicht erwarten sollte, und gibt manche Arbeiten an, mit welchen sich spätere Künstler als mit ihren Erfindungen gebrüstet haben."

Wenn Gmelin das 'Zeitalter von Paracelsus' auf über 300 Seiten abhandelt, so gilt dieser Aufwand von Raum nicht nur den medizinisch-chemischen Lehren des Mannes und seinen Anhängern und Widersachern, sondern allen mit Chemie zusammenhängenden Leistungen der Zeit. Es entgeht Gmelin kein Autor, der irgendwelche Verdienste in der angewandten Chemie, in den Künsten und Gewerben, beim Bergbau und Hüttenbetrieb der ganzen Welt gehabt hat, und er verfolgt die Berichte des Marco Polo über die Reichtümer Asiens und die Nachrichten der Spanier über die Goldländer Amerikas ebenso genau wie die alten Bergbaugebiete Europas. Allerdings entsteht bei diesem Bestreben, alles zu erfassen und alles zu erwähnen, ein solches Gewimmel von Namen und Angaben im Text, sammelt sich eine so unendliche Menge von Büchertiteln, Exzerpten und Stellennachweisen in den Fußnoten, daß eine fortlaufende Lektüre des Werks fast unmöglich ist, das nachprüfende Studium aber eine ganze Bibliothek und viele Jahre Zeit erfordern würde. Noch mehr gilt das von den folgenden Bänden. Von ihnen behandelt der zweite das Zeitalter von Boyle auf rund 300, das von Stahl auf 500 Seiten; der dritte beginnt mit einem 239 Seiten umfassenden Nachtrag über die Anwendung der Chemie in Landwirtschaft und Gewerbe im Zeitalter Stahls und ergeht sich dann über das Zeitalter Lavoisiers auf über 1000 Seiten. So verdienstvoll die Stoffsammlung und so unerschöpflich der Inhalt, so unausgeglichen ist die Darstellung, die zwischen Satzungetümen von Seitenlänge — ich will nur auf die Charakteristik Lavoisiers S. 278 hinweisen — und Aufzählung von bloßen Namen und statistischen Angaben — so stehen beispielsweise S. 624—626 fortlaufend rund dreihundert Namen — hin und her pendelt, eine vertiefte Darstellung der Fortschritte in der chemischen Theorie aber noch sehr vermissen läßt. Denn eine Aufzählung der Namen von Autoren, die für oder gegen Lavoisier aufgetreten sind (S. 283 bis 298), ist kein Ersatz für eine kritische Darstellung. Bedenkt man aber, daß Gmelin den gewaltigen Stoff, den er in seinen drei Bänden bietet, nur in langer Arbeit hatte zusammentragen können, und daß diese Vorarbeiten in eine Zeit fielen, wo die Auswirkungen von Lavoisiers neuer Lehre noch gar nicht zu übersehen waren, so wird man seinem Werk die Anerkennung nicht versagen dürfen, daß es eine für die damaligen Verhältnisse ganz hervorragende Leistung gewesen ist.

Ein Menschenalter unerhörter Fortschritte in der chemischen Forschung mußte vorübergehen, ehe wieder ein Chemiker dazu schritt, die Geschichte seiner

Wissenschaft zu schreiben und bis zur lebendigen Gegenwart herabzuführen. Es ist Thomas Thomson (1773—1852), Professor der Chemie in Glasgow, dem wir diese neue Geschichte der Chemie verdanken. Überall das Wesentliche der Entwicklung betonend und über die Lebensverhältnisse der führenden Männer mit feinem Verständnis berichtend, bedeuten die beiden 1830 und 1831 erschienenen Bände auch als schriftstellerische Leistung einen entschiedenen Fortschritt. Während der erste Band die Geschichte der Chemie von ihren Anfängen bis auf die Zeit von Becher und Stahl verfolgt, ist der zweite ganz der neueren Zeit von Lavoisier bis Dalton und Berzelius gewidmet.

Die Alchemie liefert nach Thomson ein so merkwürdiges Beispiel von Verirrung des menschlichen Geistes, daß sie nicht mit Stillschweigen übergangen werden darf. Im einzelnen will er nicht auf die Literatur der Alchemisten eingehen, weil aus den Träumereien dieser Fanatiker und Betrüger wenig positive Information zu gewinnen sei. Auch der Bericht über die chemische Technik der Alten muß nach Thomson mangelhaft bleiben, da bei den Griechen und Römern das Handwerk verachtet war und, was Schriftsteller wie Plinius ohne Verständnis berichten, meist auch heute noch unverständlich ist. Die ersten, die wirklich Chemie getrieben haben, sind die Araber gewesen; es ist erstaunlich, wie viel Tatsachen ihrem berühmtesten Autor, Geber, bereits bekannt waren, deren Entdeckung man bisher einem viel späteren Zeitalter zugeschrieben hatte. Seine Chemie war ganz und gar der Verbesserung der Arzneimittel gewidmet, und man kann nirgends einen Versuch finden, künstlich Gold zu machen. Die Metalle gelten Geber als Verbindungen von Schwefel und Quecksilber, bei den späteren Autoren, wie Basilius Valentinus, Hollandus und Paracelsus, kommt das Salz als dritter Bestandteil hinzu. Finden wir hier von Thomson vielfach noch alte Irrtümer wiederholt, so erfreuen die späteren Kapitel, in denen er der Verdienste von Agricola, Glauber, Lemery, Kunkel, Becher und Stahl gedenkt, besonders das Kapitel VIII über die Versuche, der Chemie eine allgemeine theoretische Grundlage zu geben, durch ihr feines Verständnis für die geschichtliche Bedingtheit jener Bestrebungen.

Auf den zweiten Band brauche ich nicht näher einzugehen, da Thomson in ihm die Fortschritte der Chemie in Schweden, Frankreich, England und Deutschland schildert, die er selbst mit erlebt hat. Wer über die jüngsten Phasen einer Wissenschaft berichtet, mag wohl in Einzelurteilen fehlgreifen und mögliche Entwicklungen verkennen, aber er wird kaum Gefahr laufen, schwere geschichtliche Irrtümer zu begehen.

Wenn ich auch der Geschichte der Alchemie gedenke, die K. Chr. Schmieder 1832 als ein aufrichtiger Bekenner dieses abgetanen Irrwahns veröffentlicht hat, so geschieht es, weil das selten gewordene Werk bekanntlich vor kurzem, mit einer Einleitung von Franz Strunz versehen, in anastatischem Neudruck wieder allgemein zugänglich gemacht worden ist. Sollte es in den

Köpfen moderner Phantasten Unheil anrichten, so braucht uns das nicht zu stören, nachdem ja auch die Astrologie wieder gesellschaftsfähig geworden ist. Um so mehr muß man bedauern, daß aus dem unveränderten Abdruck des Buches zahllose geschichtliche Irrtümer, an deren Beseitigung eine Generation von Forschern gearbeitet hat, aufs neue in alle populären und halbwissenschaftlichen Schriften einwandern werden.

Es war vielleicht nicht ganz zufällig, daß nachdem Thomson 1830/31 in England vorangegangen war, anfangs der vierziger Jahre zwei weitere Werke über Geschichte der Chemie erschienen. Ein halbes Jahrhundert glänzendster Entdeckungen lag nunmehr zwischen Lavoisiers schmachvoller Hinrichtung und der Gegenwart. Namen wie Berthollet, Dalton, Gay Lussac, Berzelius, Faraday, Dumas, Wöhler und Liebig bezeichneten die Bahn, die die wissenschaftliche Forschung durchmessen hatte. Mußte es nicht eine verlockende Aufgabe sein, wieder einmal auf den von der Chemie zurückgelegten Weg, auf das neu eroberte Gebiet zurückzublicken? War es nicht wertvoll, sich auf Grund der geschichtlichen Betrachtung des Erreichten den Weg in die nächste Zukunft zurechtzulegen, über die weiterhin zu lösenden Aufgaben ins klare zu kommen? Für einen jungen und begabten Chemiker wie H. Kopp, der in Gießen Liebig als Ordinarius neben sich hatte, konnte es kaum eine schönere Aufgabe geben, aber auch einen Mann von ganz anderer Lebensstellung konnte der Gegenstand in seinen Bannkreis ziehen und zur Gestaltung locken.

Ferdinand Hoefer, von dessen Leistungen ich zuerst sprechen möchte, ist weder praktischer Chemiker, noch akademischer Lehrer gewesen. Lediglich auf seine Privatmittel angewiesen, ohne amtliche Stellung und Würden, aber erfüllt von der Größe der zeitgenössischen Naturwissenschaft, hatte er sich zur Lebensaufgabe gesetzt, ihren glanzvollen Aufstieg zu schildern. Sein ausgebreitetes Wissen gab ihm das Recht, die Durchführung seiner Pläne für möglich zu halten. Leider fand er gerade da, wo er Verständnis erwartet hatte, bei den Vertretern der Naturwissenschaften selbst, weder Aufmunterung, noch materielle Unterstützung. Im Jahr 1842 hatte er geschrieben: „Wenn die Geschichte der Chemie gut aufgenommen wird, und ich ermutigt werde, bei den Arbeiten, denen ich mein Leben widmen will, auszuharren, will ich der Reihe nach die Geschichte der übrigen physikalischen, biologischen und medizinischen Wissenschaften erscheinen lassen". Aber schon das Erscheinen der Chemiegeschichte war in Frage gestellt. Hoefer mußte mit seinem Manuskript von Verleger zu Verleger wandern, ohne einen anderen Bescheid zu erhalten, als daß es so etwas wie Chemiegeschichte nicht gebe, und weder in der Akademie und Sorbonne, noch in den Unterrichtsprogrammen von ihr die Rede sei. Endlich fand er im Herausgeber der Revue Scientifique einen Mann, der das nötige Verständnis und das nötige Geld aufbrachte und wenigstens das Erscheinen der Chemiegeschichte ermöglichte. Hoefer hatte auf erweiterter, quellenmäßiger Grundlage eine Geschichte der induktiven Wissenschaften schreiben wollen, wie sie kurz vorher W. Whewell in englischer Sprache hatte erscheinen lassen. Die Wissenschaften an der Hand ihrer Geschichte, aus dem Leben ihrer großen Männer, aus der Gesamtentwicklung des menschlichen Geistes zu zeichnen, eine gleichzeitig historische und philosophische Aufgabe zu lösen, das war sein Plan gewesen. „Ich weiß", sagt er, „daß es Gelehrte gibt, die die Geschichte einer Wissenschaft anders verstehen als ich. Sie möchten, daß man, ohne Berufung an eine höhere Instanz zuzulassen, die Wissenschaft von ehemals nach der Wissenschaft von heute beurteile, als wenn es möglich wäre, die zeitliche Perspektive auszuschalten, deren Wirkungen noch einschneidender sind als die optischen Verzerrungen im Raume. Sie möchten, daß man alle Einzelheiten beiseite lasse, die ihnen als Fachmännern vertraut sind, dem viel zahlreicheren Laienkreise aber, der sich dafür interessiert, auseinandergesetzt werden müssen; oder sie möchten die Geschichte der Wissenschaften zum Tummelfeld für wenige Eingeweihte machen, die sich um Prioritätsfragen herumzanken. Sie vergessen, daß Auseinandersetzungen, die die Liebe zur Wissenschaft mit der menschlichen Eitelkeit oder mit persönlichen Theorien in Konflikt bringen, ebenso ärgerlich als endlos und unfruchtbar sind. Kurz, was ich unter Geschichte der Wissenschaften verstehe, ist von Grund aus verschieden von dem, was sich Gelehrte darunter vorstellen, die nicht gewohnt sind, über die Schranken ihres Fachs hinauszusehen. Aber man wird mich fragen: 'warum hast du denn deine großen Pläne nicht ausgeführt, zu denen du dich fähig hieltest?' 'Erst leben, dann philosophieren', antworte ich mit einem alten Weisen. Ich bin nichts, und ich beanspruche nichts, außer einem bescheidenen Plätzchen an der Sonne. Aber ich bin aufs tiefste empört, wenn ich höre, daß berühmte Professoren und Akademiker Kepler zum Vorwurf machen, daß er astrologische Kalender herausgegeben hat, da diese auf Bestellung gearbeiteten Kalender unter der Würde des „Gesetzgebers des Himmels" gewesen seien. Ja, zum Teufel, mußte er denn unbedingt Hungers sterben? Kepler ist Astrolog geworden, wie ich selbst zum Kompilator werden mußte, um leben zu können". —

Was das Buch von Hoefer über die älteren Werke hinaushob, war die fesselnde Art, wie die Geschichte der Chemie in die allgemeine Kulturgeschichte hineingestellt war, die übersichtliche Gliederung des Stoffs, insbesondere durch Trennung der biographischen, theoretischen, praktischen Kapitel, und die reichlich eingestreuten Übersetzungen von charakteristischen Stücken aus den Originalquellen. Das macht die Lektüre des Werks auch heute noch zu einem Genuß, soviel man im Einzelnen, besonders was die orientalistischen Beigaben und Wortableitungen anlangt, auszusetzen haben mag. In welchem Ausmaß bei Hoefer das orientalische und klassische Altertum Berücksichtigung fand, zeigt Ihnen ein Blick auf das Inhaltsverzeichnis. Der ältesten Epoche, bis ins neunte Jahrhundert, sind 316 Seiten, der mittleren, die Hoefer bis zur Eroberung Konstantinopels rechnet, gegen 200 Seiten gewidmet; die dritte Epoche reicht bei ihm von Paracelsus bis Gay Lussac und Davy und bildet den zweiten Band, der 600 Seiten umfaßt.

Wir haben uns nunmehr mit Hermann Kopps Lebensarbeit zu befassen, mit dem Ertrag einer über fünfundvierzig, man kann vielleicht sagen fünfzig Jahre ausgedehnten Gelehrtenarbeit, die wie niemals zuvor das ganze Gebiet der Chemie quellenmäßig zu durchforschen und geschichtlich darzustellen bemüht war. Kopp hat wie Liebig in sehr jungen Jahren schon alle möglichen alchemistischen und chemischen Bücher durchstöbert und bereits mit vierundzwanzig Jahren seine ersten geschichtlichen Kollegien gelesen. Die vierbändige Geschichte der Chemie, die in den Jahren 1842—1846 erschien, ist ein glänzendes Zeugnis für die Beherrschung des damals zugänglichen Stoffs und für die Zweckmäßigkeit seiner Anordnung. Ich weiß nicht, ob ich die Einzelheiten der Disposition ohne weiteres als bekannt voraussetzen darf, und möchte wenigstens die großen Abschnitte anführen: die allgemeine Geschichte der Chemie, die den ersten Band füllt, die Geschichte einzelner Zweige der Chemie, der analytischen, mineralogischen, pharmazeutischen, angewandten Chemie, die Geschichte der Alchemie und die der Affinitätslehre, die den zweiten Band ausmachen, und die Geschichte der einzelnen Stoffgruppen, die die zwei letzten Bände umfaßt. Kopp entschuldigt sich, daß er nicht so viel chemische Schriften habe durchsehen können wie Gmelin; er glaube dafür aber etwas geleistet zu haben, was keiner der Früheren in gleichem Grade zu erstreben gesucht hätte: das sei ein tieferes Eindringen in die Ansichten der vorzüglichsten Repräsentanten der verschiedenen Zeitalter, eine Arbeit, die nicht weniger mühsam, aber sehr viel nützlicher und lehrreicher sei, als das Durchblättern zahlreicher Schriften. Als Fortsetzung des Werks kann man die 1873 im Rahmen der von der Bayrischen Akademie herausgegebenen Geschichtswerke veröffentlichte „Entwicklung der Chemie in der neueren Zeit" ansehen, die die Fortschritte der Chemie bis zum Jahre 1858 verfolgt. Seit dieser Zeit, also seit siebzig Jahren, ist keine Geschichte der Chemie mehr erschienen, die in ähnlicher Anordnung des Stoffs und in gleicher Vollständigkeit die Geschichte der chemischen Entdeckungen bis an die jüngste Vergangenheit heranzuführen unternommen hätte.

Hier sind wir also zum erstenmal an einer Grenze angelangt, jenseits welcher neue, ungelöste Aufgaben der Chemiegeschichte liegen. Daß es mittlere und kleinere Bücher gibt, die eine Übersicht der Entwicklung bis heute darbieten, ist mir natürlich nicht unbekannt. Aber wo bleibt die große, monumentale Geschichte der Chemie, ihrer theoretischen Entwicklung, ihrer ungeheuren Einwirkung auf das gesamte Wirtschaftsleben der Welt? Sollte es nicht an der Zeit sein, ein solches Werk in Angriff zu nehmen, auch wenn daraus kein unmittelbarer Gewinn zu entspringen scheint? Ist die Chemie der Gegenwart ihren Begründern nicht diesen Dank, diese Anerkennung schuldig? Sie werden sagen: „Ganz schön; wer soll aber diesen unendlichen Stoff heute noch bewältigen? Eine solche Geschichte kann niemand mehr schreiben!" Dann müßten sich eben mehrere Gelehrte zusammentun, dann müßte man die Bedingungen schaffen, daß nach einem vorgeprüften und gebilligten Gesamtplan eine Vereinigung von Chemikern und Vertretern der Nachbarwissenschaften so viele Jahre an dem Werk arbeiten kann, als dazu erforderlich sind. Es könnte auch nichts schaden, wenn ein Volkswirtschaftler und ein Ingenieur zu dieser Aufgabe hinzugezogen würden, ja selbst ein 'gewöhnlicher Historiker' dürfte für manche Fragen nicht zu entbehren sein, etwa da, wo die Weltgeschichte in die Entwicklung der Chemie oder diese in den Ablauf der Weltgeschichte eingreift. Historiker müssen ja heute auch zu den Vertretern der Naturwissenschaften in die Lehre gehen, wenn sie die moderne Zeit verstehen wollen. Und wenn Sie mich danach fragen, wer die Mittel zu einem so großen Unternehmen beschaffen soll — wäre es eine zu kühne Hoffnung, wenn ich gerade für diese Aufgabe, auch wenn sie nur historisch und nicht praktisch zu sein scheint, an die deutsche chemische Großindustrie denke?

Doch ich kehre zu Kopp zurück, um seinen übrigen historischen Arbeiten noch einige Worte zu widmen: seinen 'Beiträgen zur Geschichte der Chemie', die in den Jahren 1869 und 1875 herausgekommen sind, und seinem letzten Werk, das die spätere Geschichte der Alchemie behandelt und im Jahr 1886, dem Jubiläumsjahr der Heidelberger Universität, erschienen ist. Um mich darüber kritisch äußern zu können, muß ich Sie aber bitten, mir eine Abschweifung auf das philologisch-historische Gebiet zu gestatten.

Auch in der Philologie gibt es Fortschritt, und die Philologen sind nicht so rückständig und minderwertig, wie es einseitig eingestellte Naturforscher gerne wahr haben möchten. Das gleiche Jahrhundert, das der Chemie so gewaltige Fortschritte gebracht hat, hat auch die gesamte historisch-philologische Forschung auf neue Grundlagen gestellt. Mit dem gleichen Recht, mit dem man das neunzehnte Jahrhundert das Jahrhundert der Naturwissenschaften genannt hat, ist es auch das der historischen Wissenschaften genannt worden. Ich will nur an wenige, besonders überzeugende Beispiele solcher methodischen Fortschritte und Neuschöpfungen erinnern. Mit dem Ende des achtzehnten Jahrhunderts beginnt die formale Behandlung der klassischen Sprachdenkmäler sich zur allgemeinen Altertumswissenschaft zu erweitern, die das gesamte Kulturleben zum Gegenstand der Forschung macht. Es beginnt die vergleichende Sprachwissenschaft, die die großen Sprachfamilien, insbesondere die indogermanischen Sprachen unter großen Gesichtspunkten erforscht und uns die Kenntnis der indischen Geisteswelt vermittelt. Man lernt die ägyptischen Hieroglyphen und die babylonische Keilschrift entziffern und gewinnt durch Ausgrabung der Ruinenstätten ein unermeßliches Material, um die Geschichte der alten Reiche und ältesten Kulturen auf Jahrtausende zurück vollständig neu aufzubauen. Das alte Testament verliert zwar seine absolute Geltung als buchstäblich zu nehmendes Offenbarungsbuch, gewinnt aber um so größeres Bedeutung durch die kritische Erforschung des historischen Gehalts seiner Texte und die Aufklärung der Geschichte seiner religiösen Gedankenwelt. Und schließlich blüht die arabische Philologie und die Islamforschung auf und gibt uns ganz neue, auf den Orginalquellen ruhende Anschauungen über die Entwicklung und Bedeutung der arabischen Kultur und Wissenschaft.

Ist alles dies, und ist die mit der Entwicklung der Philologie Schritt haltende kritische Geschichtschreibung gleich nichts zu achten, sind diese Leistungen ein Zeichen von geistiger Verkümmerung und mangelnder Logik, wie manche Vertreter der Naturforschung behaupten möchten? Oder liegt der Fehler, das Unvermögen zu wirklicher Würdigung dieser Leistungen auf der andern Seite? Würde man auf einen Tauben hören, der der Musik die Existenzberechtigung abzustreiten versuchte, weil sie, wie er sich beim Besuch von Konzerten überzeugt habe, nur ein irrsinniges Gefuchtel mit unverständlichen Apparaten vorstelle?

Es kann keinen Augenblick zweifelhaft sein, daß auch die Geschichte der Naturwissenschaft an den Fortschritten der allgemeinen historischen Wissenschaft teilnehmen muß. Jede Entdeckung neuer Quellen und Urkunden, jede Erkenntnis vorher nicht beachteter Zusammenhänge im geschichtlichen, wirtschaftlichen, geistigen Leben muß auch das Urteil über die wissenschaftlichen und technischen Leistungen eines Zeitalters beeinflussen. Die Geschichte der Wissenschaften wird dauernd von den Quellen abhängig bleiben, die ihr zu irgendeinem Zeitpunkt zur Verfügung stehen, die richtige Einschätzung und Benutzung der Quellen aber wird wieder abhängig sein von der Fähigkeit zu historischer Kritik, über die der Geschichtschreiber verfügt. **Wie die Wissenschaft selbst, so ist auch die Darstellung ihrer Geschichte ein unendlicher Prozeß**, eine Aufgabe, die immer wieder aufs neue angegriffen, ein Erkenntniskomplex, der mit den Fortschritten der allgemeingeschichtlichen Erkenntnis in Einklang gebracht werden muß.

Mißt man Kopps geschichtliche Arbeiten an dem von mir geforderten strengen Maßstabe, so kann man nur bewundern, wieweit er der Forderung, mit der Entwicklung der historischen Kritik Schritt zu halten, in der Folge seiner eigenen Arbeiten entsprochen hat. In seinem Jugendwerk ist, was die Beurteilung der antiken, arabischen und mittelalterlichen Alchemie anlangt, kaum ein Abstand von den landläufigen Darstellungen zu bemerken, kaum ein Zweifel an dem, was das achtzehnte Jahrhundert über Ägypter, Griechen, Araber und Scholastiker zu wissen glaubte. Aber „die zwischen der Abfassung der Geschichte der Chemie und den Beiträgen von 1869 liegende Zeit", sagt Kopp im

Vorwort zu den Beiträgen, „hat mir für Vieles bessere oder vervollständigte Einsicht gebracht. Auch für die dunkelste Partie der Chemiegeschichte, die früheste Zeit, in welcher sie in der Richtung als Alchemie betrieben wurde, suchte ich eine solche zu erlangen. Die Notizen, welche sich mir hierüber ansammelten, vervollständigten sich immer mehr, und es scheint mir nicht unnütz, sie in einigen Zusammenhang gebracht als Beiträge zur Geschichte der Chemie zu veröffentlichen".

Kopp sah sehr wohl, daß eine Geschichte der alten Chemie, die diesen Namen wirklich verdiente, nur aus dem Studium der griechischen, arabischen und lateinischen Originalquellen, aus ihrer kritischen Untersuchung und Vergleichung gewonnen werden könne. Er selbst konnte aber nur die ersten Schritte auf diesem Wege gehen, denn zur Lösung dieser Aufgabe reicht ein Menschenleben, reichen die Kräfte eines einzelnen nicht aus. Am meisten hat Kopp auf dem Gebiet der griechischen Alchemie vorgearbeitet; wir verdanken ihm eine 100 Seiten umfassende, heute noch wichtige Untersuchung über die in den europäischen Bibliotheken liegenden alchemistischen Handschriften und eine eingehende Charakteristik ihres Inhalts. Die Herausgabe der Handschriften selbst in die Hand zu nehmen, wagte er nicht, sei es, daß er sich dieser Aufgabe nicht mehr gewachsen fühlte, sei es, daß es ihm an der nötigen Unterstützung fehlte. Für die arabische Alchemie hatte er sich zunächst auf die Arbeiten der älteren Orientalisten, besonders auf Hammer von Purgstall gestützt, der zu seiner Zeit als das große Orakel galt und eine ungeheure literarische Produktion entfaltete, leider aber mit wenig Kritik und Zuverlässigkeit arbeitete. Später hat Kopp in dem ausgezeichneten Heidelberger Orientalisten G. Weil einen zuverlässigen Berater gehabt. Es ist sicher der gemeinsamen Arbeit dieser Männer zu verdanken, wenn jetzt das sogenannte Geber-Problem ernstlich zur Erörterung kommt und die Ansicht vertreten wird, daß die lateinischen Geber-Schriften dem arabischen Geber nicht zugeschrieben werden können. Im ganzen gesehen steht das positive Ergebnis von Kopps mühevollen Studien freilich in keinem Verhältnis zu dem Aufwand an gelehrter Literatur. In allzu vielen Fällen endet die Untersuchung mit einem *non liquet*; man sieht, daß Kopp den ungeheuren Stoff nicht mehr meistern konnte, oder daß es ihm an Entschlußkraft fehlte, seine berechtigten Zweifel bis zum Ende durchzudenken und zu einem entschiedenen Ja oder Nein zu gelangen. Gewiß hat sich auch die Vorsicht des Alters in seinen letzten Arbeiten bemerkbar gemacht; Kopp hatte genug getan, um abwarten zu können, ob sich einmal ein Nachfolger finde, der auf dem von ihm Erreichten weiterbaute.

Der Nachfolger fand sich leider nicht in Deutschland, sondern in Frankreich, das seit dem Ende der achtziger Jahre durch M. Berthelot auf dem Gebiet der Erforschung der älteren Chemiegeschichte die Führung übernimmt. Es genügt, zum Beweise die Erscheinungsjahre der historischen Werke Berthelots anzuführen. Er veröffentlicht 1885 „Les Origines de l'Alchimie" und 1888 mit Ruelle zusammen die dreibändige „Collection des Alchimistes Grecs", Einleitung, Text und Übersetzung umfassend. Dann folgen 1893 unter Mitarbeit von Duval und Houdas die drei Bände „La Chimie au Moyen Âge" mit syrischen, arabischen und lateinischen Texten, und 1906 die unter dem Titel „Archéologie et Histoire de la Science" gesammelten Abhandlungen. Eine gewaltige Leistung, selbst wenn man nur den äußeren Umfang in Betracht ziehen wollte, aber auch eine neuartige Leistung, die mit einem Schlage die Chemiegeschichte auf eine neue Stufe emporhebt. Von der Académie Française mit großen Mitteln unterstützt, konnte Berthelot als Erster wagen, unter Mitarbeit eines klassischen Philologen und zweier Orientalisten Originaltexte herauszugeben und der allgemeinen Benutzung zugänglich zu machen. Wer hatte vor ihm Ähnliches zu unternehmen versucht? Und doch war seine Leistung, gemessen an dem, was die Philologie und die Geschichtschreibung auf den ihr in erster Linie anvertrauten und von ihr bearbeiteten Gebieten der Literatur- und der politischen Geschichte leistete, nichts Neues: daß man, um Geschichte schreiben zu können, erst die Geschichtsquellen kennen und herausgeben müsse, war da drüben auf der andern Seite eine selbstverständliche Bedingung, über die man keine Worte verliert. Berthelot hat also nur nachgeholt, was in der Chemiegeschichte versäumt worden war, er hat seinen Zeitgenossen und unserer Gegenwart zum Bewußtsein gebracht, **daß wir, was die ältere Chemiegeschichte betrifft, erst am Anfang der Forschung stehen.** Wenn er in einer nicht selten zu findenden Überschätzung der eigenen Leistung seine Vorgänger, insbesondere Hoefer und Kopp mit Stillschweigen überging, obgleich er sie genau kannte und benutzte, und wenn er den Anschein zu erwecken suchte, als sei er der erste und einzige Forscher, der die Probleme der alten und mittleren Chemiegeschichte gesehen und behandelt habe, so können wir heute über diese Menschlichkeiten hinwegsehen und dem großen französischen Chemiker und Chemiehistoriker gerne den Ruhm gönnen, wo er ihn verdient hat.

In der Abhandlung „Archäologie und Geschichte der Wissenschaft", die kurz vor seinem Tode erschienen ist, hat Berthelot recht verschiedenartige und ungleichwertige Untersuchungen vereinigt. Über seine Bemerkungen zur indischen Chemie, zu den chinesischen Steinbüchern, zur ägyptischen Medizin und zu den griechischen Papyri will ich hier nichts sagen, da sie mit der Archäologie nicht in engerer Beziehung stehen. Tatsächlich rechtfertigt nur der erste Teil der Abhandlung den allgemeinen Titel; hier gibt Berthelot zahlreiche Analysen von Fundstücken prähistorischer, ägyptischer, babylonischer, elamischer, römischer Herkunft bekannt, die er als Beiträge zu einer künftigen Geschichte der Metallurgie gewertet wissen will. Indem er betont, wie sehr die alte Metallurgie vom chemischen, technischen und kunstgeschichtlichen Gesichtspunkt aus untersucht und studiert zu werden verdient, und wie wertvoll es sei, daß die beiden Arten von geschichtlichen Quellen, literarische Urkunden und Sachfunde, sich gegenseitig kontrollieren, nennt er die Aufgabe „ein gewaltiges, unabsehbares Werk, bei dem die Gelehrten, die sich daran beteiligen, keinen andern Ehrgeiz haben sollten, als ihren bescheidenen persönlichen Beitrag darzubieten". Ich brauche in Ihrem Kreise nicht hervorzuheben, daß man bei der Metallurgie nicht stehenbleiben darf, sondern daß alle Gebiete der chemischen Technik in diese Untersuchung einbezogen werden müssen. Was wir brauchen, was die Chemie sich schuldig ist, das ist eine **Geschichte der chemischen Technik**, die sich von den ersten prähistorischen Anfängen an auf die Sachfunde, weiterhin aber auch auf die zahlreichen geschichtlichen Dokumente stützt, die der Spaten des Archäologen an den Ruinenstätten der alten Kulturländer zutage gefördert hat. **Diese zweite große Zukunftsaufgabe der Chemiegeschichte kann wieder nur durch Zusammenarbeit von verschieden vorgebildeten Forschern bewältigt und zum Ziel geführt werden.** Der Chemiker, der die Analysen macht und auf die angewandten Rohstoffe und technischen Verfahren Schlüsse zieht, kann der Mitarbeit des Prähistorikers, des Ägyptologen, des Keilschriftforschers, des klassischen Philologen nicht entraten, und auch der Kunsthistoriker, der Mineraloge, der Mediziner darf dabei nicht vergessen werden. Ohne planmäßiges Zusammenwirken der verschiedensten Spezialforscher wird eine Geschichte der chemischen Technik, wie sie mir vorschwebt, nicht geschaffen werden können.

Bekannter als die „Archäologie" sind Berthelots große Quellensammlungen zur griechischen und arabischen Alchemie. Sie haben vor vierzig Jahren berechtigtes Aufsehen erregt, und offenbar hat man in weiten Kreisen geglaubt und glaubt es in Deutschland heute noch, daß damit nun die Sache gemacht sei. Noch Edmund O. von Lippmann konnte sich in seinem bekannten Werk über „Entstehung und Ausbreitung der Alchemie", das vor zehn Jahren vollendet wurde, auf keine andern Quellenausgaben der griechischen Alchemisten stützen, als die „Collection des Alchimistes Grecs", obgleich die Philologen längst darauf hingewiesen hatten, daß die Arbeit von Ruelle und Berthelot sehr viel zu wünschen übrigläßt und einer neuen kritischen Ausgabe der Texte Platz machen muß. Von einer irgendwie repräsentativen Vertretung der arabischen Alchemie konnte bei der kleinen Zahl und Auswahl von Texten, die in der 1893 erschienenen „Chimie au Moyen Âge" veröffentlicht waren, erst recht keine Rede sein. Die Erforschung der arabischen Alchemie, die mehr als ein halbes Jahrtausend umspannt und die Grundlage aller späteren abendländischen Alchemie ist, kann nicht im Handumdrehen, aus der Bekanntschaft mit einigen vom Zufall dargebotenen Texten erledigt werden. Auch was Edmund von Lippmann mit seiner allumfassenden Belesenheit aus orientalischen Quellen, die ihm durch Übersetzungen zugänglich waren, und aus den vielen Arbeiten

Eilhard Wiedemanns in seinem vorhin genannten Werke gesammelt und verarbeitet hat, konnte nur dazu beitragen, die Erkenntnis zu wecken, daß hier so gut wie alles noch zu leisten ist.

Ich kann nun nicht umhin, in diesem Zusammenhange auch von meinen eigenen Arbeiten zu sprechen. Durch Umstände, die ich nicht weiter erörtern will, war ich auf das Studium der arabischen Mineralogie geführt worden. Ich mußte bei dieser Gelegenheit auch die historischen Quellenwerke Berthelots studieren, hatte aber nicht die Absicht, mich eingehender mit der arabischen Alchemie zu befassen. Selbst die nachhaltigen Anregungen und neuen Erkenntnisse, die mir aus dem Studium des großen Werkes unseres Altmeisters der Chemiegeschichte zuflossen, hätten vielleicht noch nicht vermocht, mich von der Mineralogie, meinem alten Studiengebiet, zur Chemie hinüberzuziehen, wenn ich nicht 1921 in Göttingen auf das bisher kaum beachtete alchemistische Hauptwerk des großen Arztes Rāzī gestoßen wäre. Damit war die Richtung meiner weiteren Arbeiten entschieden. Der Inhalt des Werks bot keine besonderen Schwierigkeiten, aber die Frage nach Rāzīs Quellen und Gewährsmännern führte zu immer neuen Untersuchungen.

Es zeigte sich, daß die ganze ältere Geschichte der arabischen Alchemie von Legenden überwuchert war, und daß auf persischem Boden in der vorislamischen Zeit eine selbständige Weiterbildung der Alchemie sich vollzogen haben mußte. Aber die Umstände dieser Entwicklung konnten nicht aufgeklärt werden, wenn es nicht gelang, die Leistungen jenes vielumstrittenen Geber oder Dschābir aus besseren Quellen zu beleuchten, als sie Berthelot zu Gebote gestanden hatten. Die Erwartung, es möchten sich noch echte Werke Dschābirs in Bibliotheken finden, bestätigte sich aufs glänzendste. Aus England kam die Kunde, daß der Chemiker E. J. Holmyard eine indische Sammlung echter Schriften entdeckt und weitere Handschriften in europäischen Bibliotheken nachgewiesen habe. Um die gleiche Zeit hatte mein Freund Max Meyerhof das Glück, in ägyptischen Privatbibliotheken eine ganze Anzahl verloren geglaubter Werke des großen Chemikers festzustellen, die er mir in Abschriften und Photographien zugänglich machen konnte. Damit ist auch für Deutschland ein Arbeitsstoff gesichert, wie ihn sich noch vor wenig Jahren niemand hätte träumen lassen. Das Leben und die Kraft eines einzelnen reicht nicht mehr aus, die ganze Fülle der Fragen, die sich an diese neu entdeckten Texte knüpfen, zu bewältigen. Es wird eine der wichtigsten Aufgaben des vom preußischen Minister für Wissenschaft, Kunst und Volksbildung in Berlin begründeten Forschungs-Instituts sein, **jüngere Kräfte in das Arbeitsgebiet einzuführen und eine Tradition zu schaffen, damit auch Deutschland in den Stand gesetzt wird, mit den andern Nationen den Wettbewerb aufzunehmen.** Handelt es sich doch keineswegs um Dinge, die nur einen engen Kreis von Philologen angehen, sondern um ein Jahrtausend

Chemiegeschichte, um das Gegenstück zur Geschichte der chemischen Technik, nämlich um eine neue Geschichte der chemischen Theorien und Begriffe. Diese Entwicklung führt nicht durch die Arbeitsstätten der Handwerker und Hüttenleute, sondern durch die Gedankenschmiede der Naturphilosophen, die sich mit dem Problem der Materie auseinanderzusetzen, in der unendlichen Mannigfaltigkeit der Erscheinungen Gesetz und Ordnung zu entdecken suchten. Wenn sich die Überzeugung von der Verwandlungsfähigkeit der Metalle auch schließlich als ein Irrwahn erwiesen hat, so ist sie doch ein Jahrtausend lang fast der einzige leitende Gedanke gewesen, der die Vorfahren der modernen Chemiker zu immer und immer wieder erneuten Versuchen und schließlich zur Entdeckung der wahren Zusammenhänge geführt hat.

Schon sind im Ausland Unternehmungen im Gange, die der Erforschung dieser trotz aller daran gewandten Arbeit noch immer dunklen Gebiete der Chemiegeschichte eine breitere und festere Grundlage schaffen sollen. Die Union Académique Internationale hat den Plan zu verwirklichen begonnen, den ganzen Bestand an griechischen, arabischen und lateinischen Handschriften über Alchemie zu katalogisieren, um künftigen Textausgaben den Boden zu bereiten. Sie unternimmt damit eigentlich nichts, was nicht auf jedem andern historischen Felde längst als notwendige Grundlage aller wissenschaftlichen Forschung anerkannt wäre. Schon ist der größte Teil der noch vorhandenen griechischen Handschriften in den Ländern Europas aufgenommen. Ich hoffe, daß auch ein Katalog der in Deutschland vorhandenen griechischen Handschriften in absehbarer Zeit zustande kommen wird. Mit der Aufgabe, die Verzeichnung der arabischen Handschriften in die Wege zu leiten, bin ich selbst betraut worden. Ich bin gezwungen, von diesen Dingen hier zu reden, weil es Zeit ist, daß die grundsätzliche Ablehnung, der man in weiten Kreisen der deutschen Chemiker in Fragen der Chemiegeschichte begegnet, der Einsicht von der Notwendigkeit dieser Studien weicht. Uns Lebenden, wenigstens der älteren Generation, wird es nicht mehr vergönnt sein, die Vollendung des Baues zu erleben, dessen Grundriß ich vor Ihnen aufgezeichnet habe. Aber wie viele Generationen haben am Kölner Dom gebaut, ohne seine Vollendung zu sehen? Mag es uns genügen, an dem großen Werke mitgearbeitet zu haben, an dem sich spätere Geschlechter erfreuen sollen!

Druck von C. G. Röder G. m. b. H., Leipzig.

MIX
Papier aus verantwortungsvollen Quellen
Paper from responsible sources
FSC® C105338

If you have any concerns about our products,
you can contact us on
ProductSafety@springernature.com

In case Publisher is established outside the EU,
the EU authorized representative is:
**Springer Nature Customer Service Center GmbH
Europaplatz 3, 69115 Heidelberg, Germany**

Printed by Libri Plureos GmbH
in Hamburg, Germany